Gloria Angélica Flores Rivera
Martha Chairez

Estrategias didácticas en la enseñanza del Cálculo Integral superior

Gloria Angélica Flores Rivera
Martha Chairez

Estrategias didácticas en la enseñanza del Cálculo Integral superior

Resolución de problemas, TIC's y motivación

PUBLICIA

Impressum / Aviso legal
Bibliografische Information der Deutschen Nationalbibliothek: Die Deutsche Nationalbibliothek verzeichnet diese Publikation in der Deutschen Nationalbibliografie; detaillierte bibliografische Daten sind im Internet über http://dnb.d-nb.de abrufbar.

Información bibliográfica de la Deutsche Nationalbibliothek: La Deutsche Nationalbibliothek clasifica esta publicación en la Deutsche Nationalbibliografie; los datos bibliográficos detallados están disponibles en internet en http://dnb.d-nb.de.

Coverbild / Imagen de portada: www.ingimage.com

Verlag / Editorial:
PUBLICIA
ist ein Imprint der / es una marca de
OmniScriptum GmbH & Co. KG
Bahnhofstraße 28, 66111 Saarbrücken, Deutschland / Alemania
Email / Correo Electrónico: info@editorial-publicia.com

Herstellung: siehe letzte Seite /
Publicado en: consulte la última página
ISBN: 978-3-639-64600-9

ESTRATEGIAS DIDÁCTICAS EN LA ENSEÑANZA DEL CÁLCULO INTEGRAL SUPERIOR

Autor:

M.C. Gloria Angélica Flores Rivera

Director de Proyecto Terminal:

Dra. Martha Chairez Jiménez

Muchos de nuestros sueños parecen al principio imposibles, luego pueden parecer improbables, y luego, cuando nos comprometemos firmemente, se vuelven inevitables.

Christopher Reeve

AGRADECIMIENTOS

La concepción de este proyecto está dedicada a mis tesoros más preciados, mis hijos Montserrath y Alberto, y a mi compañero de vida, mi esposo, quien siempre ha creído en mí los amo.

Mi agradecimiento a Dios y a la vida por brindarme la oportunidad de lograr tan anhelado sueño, a cada uno de los Maestros y Maestras que tuve la fortuna de conocer durante la maestría, gracias por compartirnos sus conocimientos.

En especial a la Dra. Martha Chairez por ser mi tutora y guía, gracias por sus recomendaciones, paciencia y amistad.

A toda mi familia y amigos que siempre me dieron ánimos para seguir adelante, a mis jóvenes compañeros de clases, que al compartir sus experiencias me regalaron enseñanzas, y en especial a mi compañerita y amiga Hilda, por su apoyo incondicional.

Finalmente, un eterno agradecimiento al Sindicato de Profesores Superación Universitaria de la UABC por el apoyo brindado para poder realizar y culminar este posgrado.

Gloria Angélica Flores Rivera

ÍNDICE

CAPÍTULO III

PROPUESTA DE INTERVENCIÓN

CAPITULO IV

CONCLUSIONES

INTRODUCCIÓN

Algunas de las principales preocupaciones institucionales son el bajo rendimiento académico y los altos índices de reprobación principalmente en matemáticas por parte de estudiantes del nivel superior.

El siguiente trabajo hace la descripción de un estudio de caso, cuya finalidad fue identificar posibles problemas en el proceso de enseñanza – aprendizaje de la asignatura de Cálculo Integral. El análisis de nuestro contexto de estudio consideró aspectos como los *conocimientos previos* del aprendiz en la *resolución de problemas* donde se aplica la integral indefinida para la determinación de áreas en el plano y volúmenes de sólidos en revolución, los *afectos* que experimenta el estudiante durante su aprendizaje en una sociedad globalizada por las *tecnologías*.

En el Capítulo I se hace la descripción de la muestra, su contexto y el diagnóstico. También se presentan los resultados y el análisis del resultado del diagnóstico; y se hacen algunas recomendaciones que pueden ayudar a resolver la problemática identificada.

El Capítulo II proporciona algunas teorías que contextualizan la resolución de problemas considerándola como una actividad esencial dentro del proceso de enseñanza – aprendizaje por su valor instructivo y formativo. Así, como teorías que abordan la motivación y los afectos matemáticos que experimenta el estudiante durante este proceso. Así mismo, la resolución de problemas de cálculo integral superior se plantea con la implementación del uso de nuevas herramientas matemáticas tecnológicas que apoyen este proceso.

En el Capítulo III se describen los propósitos a lograr por parte del docente con la intervención; así como los objetivos generales que se esperan los alumnos sean capaces de alcanzar. Además se incorporan las secuencias didácticas que fueron experimentadas en la intervención y los tiempos en los que se llevaron a cabo.

Finalmente, en el Capítulo IV se muestran los resultados de la intervención y de la evaluación de los estudiantes al instructor, así como una autoevaluación del proceso.

CAPÍTULO I

DIAGNÓSTICO

CAPÍTULO I

DIAGNÓSTICO

1.1. Descripción del área de estudio

Este proyecto de intervención se lleva a cabo en el área geográfica ubicada en la región del norte de México en el estado de Baja California, en la ciudad de Mexicali. La zona de estudio se ubica en la Facultad de Ingeniería del Campus Mexicali de la Universidad Autónoma de Baja California (UABC). El Campus Mexicali colinda al norte con la colonia Insurgentes Este, al sur con el fraccionamiento Residencias Imperiales, al este con el Fraccionamiento Calafia y al oeste con la colonia Independencia. La dirección oficial de la Facultad de Ingeniería es Blvd. Benito Juárez S/N Col. Magisterial Independencia con código postal 21900. El acceso más próximo con vialidad tanto para peatones y automovilistas está por la calle Churubusco S/N.

La Facultad de Ingeniería Campus Mexicali de la UABC está conformada por los edificios listados a continuación: Edificio Central, edificio C, laboratorio de Ciencias Básicas y los laboratorios para las carreras de Ingeniero Computación, Ingeniero en Electrónica, Ingeniero en Eléctrica, Mecánica, Mecatrónica, Industrial, Bioingeniería, Energías Renovables, Civil, Topografía y Licenciados en Sistemas Computacionales.

Los edificios donde se imparten asignaturas y talleres de formación básica, así como algunas de los diferentes programas de estudio se llevan a cabo en las cuatro plantas del edificio Central, en las dos plantas el edifico C y en los laboratorios correspondientes de cada carrera.

Edificio Central

El edificio Central se ubica dentro del campus Mexicali frente a la Facultad de Derecho, en el lado sur se encuentran los laboratorios de Ciencias Básicas, de Mecatrónica y de Licenciados en Sistemas Computacionales. Del lado norte se encuentra el edifico C perteneciente a la misma Facultad y del lado noreste se ubica la Facultad de Arquitectura. El inmueble está construido en un área rectangular de 52 m de ancho por 77 m de largo. Además, tiene una plaza recreativa al centro con cuatro portales de acceso al interior del edificio, dos ubicados en la ala este y dos en el ala oeste.

El edificio cuenta con cuatro plantas arquitectónicas donde se distribuyen 58 salones para clases tanto de licenciatura como maestría, aulas con coñones y pantallas, y con multimedia, laboratorios especializados, salas de maestros, oficinas administrativas y almacenes para papelería y para materiales de limpieza y herramientas de mantenimiento. Cada planta cuenta con 3 baños para mujeres y 3 baños para hombres ubicados en el ala este del lado izquierdo, adicionalmente algunas salas y oficinas administrativas también cuentan con este servicio.

El acceso a las plantas superiores es por las escaleras de concreto localizadas unas al sureste y las otras al noroeste del edificio. Todo el edificio tiene acceso a Internet Alámbrico e inalámbrico con redes de comunicación internas e Inalámbrico por medio de la conexión a la *Cimarred* (Red de Internet Inalámbrico para alumnos y empleados de la UABC).

Planta del nivel 1(planta baja)

En la planta baja se localiza el aula Magna en el ala oeste del lado derecho, en el ala sur están la sala para maestros de asignatura, el área de psicopedagógico y cubículos para asesorías académicas en diversas asignaturas. En el mismo nivel en el ala este del lado derecho se encuentra una sala de lectura y 13 salones para la impartición de clases.

Planta del segundo nivel

La planta del segundo nivel tiene 19 salones para impartición de clases distribuidos en las alas norte, sur y este. En esta misma planta está un área de cubículos para maestros de tiempo completo, además de una sala para maestros agremiados a la Asociación de Profesores de la Facultad de Ingeniería (APFI), ambas áreas ubicadas en el ala oeste.

Planta del tercer nivel

En esta planta se ubican al centro del ala sur las oficinas de la dirección y subdirección; junto a estas oficinas se encuentran los cubículos de atención para servicio social de primera y segunda etapa. También hay 7 salones designados para impartición de clases equipados con cañón y pantallas deslizables, 3 salones con pizarrones inteligentes y otros 3 salones de uso normal. Hay dos salas audiovisuales en el ala oeste, ambas salas cuentan con cañón de proyección, pantalla deslizable, control remoto, iluminación eléctrica parcial y total, acceso a internet alámbrico e inalámbrico.

Planta del cuarto nivel

La planta del cuarto nivel tiene 13 salones para impartición de clases distribuidos en las alas norte, sur y este; 6 de estos salones están equipados con cañones y pantallas deslizables. En el ala oeste se encuentra el laboratorio de Ingeniería Sanitaria y otros 2 salones para impartición de clases de posgrado.

Edificio C

Este edificio está construido en un terreno rectangular de 31.40m de ancho por 32.40 m de largo, es de dos niveles. En el primer nivel hay 10 salones para impartición de clases, 5 el ala norte y 5 en el ala sur. Los baños están ubicados al centro del edificio, 6 para mujeres y 4 para hombres. Las escaleras de acceso al segundo nivel también están al centro, junto a los baños. El segundo nivel tiene 11 salones, 6 en el ala norte y 5 en el ala sur. En este edificio, los baños se encuentran ubicados en la planta baja, son 3 para servicio masculino y 3 para el femenino.

Para toda la infraestructura de la Facultad de Ingeniería se cuenta con los servicios de electricidad, agua potable, líneas telefónicas, teléfonos públicos, así como acceso a internet alámbrica e inalámbrica.

El grupo de alumnos sujetos al estudio del proyecto de investigación es el identificado con el número 111 de la asignatura de Cálculo Integral (CI) con clave 11216. La clase de CI se imparte en el turno matutino en el horario de 9:00 am a 9:50 am en el salón 107 del edificio Central. Éste salón se encuentra en el ala norte del primer nivel del edificio Central entre el salón 108 y la oficina de Formación Básica.

El salón 107 tiene un área interior de 27.6 m^2 con medidas de 5 x 5.52 m, tiene una puerta de aluminio de una sola hoja con una pequeña ventanilla que da a los pasillos del edificio y dos ventanas medianas con vidrios deslizables con vista al exterior del edificio. Las paredes están pintadas color arena y el piso es de loseta color guinda. Tiene 40 sillas, tipo pupitres para uso de los alumnos, un escritorio con silla para el maestro y dos pizarrones blancos de acrílico de 1.20 m x 1.50 m colocados juntos en la pared este. Cuenta con aire acondicionado e iluminación de lámparas fluorescentes, un contacto eléctrico con dos tomacorrientes instalado 30 cm arriba del nivel del piso de la pared frontal-este del salón.

Recursos Humanos

El departamento de recursos humanos de la Facultad de Ingeniería se conforma por el personal docente, administrativo y de intendencia.

Personal docente

La planta docente de la Facultad de Ingeniería está conformada por 337 profesores de asignatura, 91 profesores de tiempo completo y 4 maestros de medio que suman un total de 432. La mayoría de los profesores tienen formación académica en las diversas ramas de la ingeniería, algunos con grados de maestrías o doctorados. La cantidad de profesores que imparten clases en el área de las matemáticas son 42 con perfil profesionista de ingeniería.

Personal de intendencia

El edificio Central es atendido por 8 conserjes y el edificio C por 2 conserjes supervisados por el Jefe de Intendencia. La organización interna de la Facultad de Ingeniería de la UABC.

1.2. Muestra

Descripción de la muestra

La muestra está integrada por los 35 alumnos inscritos en el semestre 2013-2 en el grupo 111 de la asignatura de Cálculo Integral (CI) con clave 11216 de segundo semestre en la etapa de formación básica. Los estudiantes de la muestra van dirigidos a alguna de las once carreras de la Ingeniería que se ofertan en la Facultad de Ingeniería Campus Mexicali de la Universidad Autónoma de Baja California. Las carreras actualmente ofertadas son Ingeniería en Energías Renovables, Bioingeniería, Ingeniería Electrónica, Ingeniería Eléctrica, Ingeniería en Semiconductores y Microelectrónica, Ingeniería en Computación, Ingeniero Civil, Ingeniero Topógrafo y Geodesta, Ingeniería Industrial, Ingeniería Mecánica y la carrera de Licenciado en Sistemas Computacionales.

Del total de estudiantes inscritos en el curso de CI, 28 de ellos son del sexo masculino y 7 del sexo femenino. Por lo general las carreras de las diferentes ramas de la ingeniería se presentan la característica de ser elegidas por varones. 16 alumnos de la muestra oscilan entre las edades de los 18 y 22 años, 8 de ellos están entre los 20 y 22 años, y 11 son mayores de 22 años. Con respecto al estado civil se tiene que 31 de los estudiantes están en la soltería, 3 de ellos son casados y 1 estudiante es separado o divorciado. Algunos de los estudiantes que son casados tienen entre 1 y 2 hijos. Debido a la ubicación geográfica y al contexto socioeconómico, la localidad de Mexicali se caracteriza por tener ciudadanos originarios de otros estados de la república. La muestra arroja que 24 de los estudiantes son del estado de Baja California, 5 son de Sonora, 4 de Sinaloa, 1 de B. C. Sur y 1 del Edo. De México.

El número de miembros que integran sus familias es pequeño, ya que los datos de los alumnos encuestados manifestaron que 18 de ellos tienen entre 1 y 2 hermanos, otros 13 estudiantes tienen entre 3 y 4 hermanos y los 4 alumnos restantes pertenecen a familias numerosas con 5 o más hermanos. En lo que concierne a la situación laboral de los estudiantes, 26 de ellos expresaron que no trabajan y los otros 9 de ellos si lo hacen.

En relación al lugar donde viven, 26 de los estudiantes viven actualmente en la casa de sus padres y los restantes 9 alumnos no viven con sus padres porque son casados o porque vienen de otra ciudad. Solo uno de los estudiantes se desplaza diariamente al valle de Mexicali y los otros 34 tienen su residencia en la zona urbana esta ciudad. Estas viviendas cuentan con los servicios públicos de electricidad, agua y drenaje. 31 de ellos cuentan con teléfono doméstico y/o móvil; 26 de ellos cuentan con acceso a internet y 29 de los estudiantes manifestaron tener computadoras, laptop u otros dispositivos electrónicos de información y comunicación.

De los alumnos encuestados ninguno de ellos tiene algún tipo de beca académica, 7 de ellos se pagan sus propios estudios, 27 son apoyados económicamente por sus padres o algún familiar y solo 1 respondió que es por otro medio que no especificó. Algunas variables culturales que influyen en el contexto familiar donde conviven los estudiantes de la muestra son también la escolaridad de los padres, ésta se ubica principalmente en el nivel básico de secundaria y técnica. Quedando distribuidos de la siguiente manera: 6 con primaria terminada o inconclusa, 16 con estudios en secundaria, 5 con carrera técnica, 6 con una licenciatura y 2 con posgrado. Las ocupaciones de los padres se dan mayormente en los oficios de mecánicos, electricistas, contratistas, comerciantes y la construcción con un total de 23, de jornaleros y agricultores se tienen 7, otros 3 son taxista o choferes y 2 a nivel profesional.

Con respecto a la escolaridad de las madres se refleja también que la educación secundaria y el nivel técnico tienen mayor peso en su educación; 5 con primaria terminada o inconclusa, 17 con estudios en secundaria, 9 con carrera técnica y 4 con una licenciatura. 21 de las madres de los estudiantes encuestados se dedican en su mayoría a las labores domésticas, 8 son empleadas en puestos administrativos, 4 son comerciantes o estilistas y 1 a nivel profesional. Otra de las características es la religión, con respecto a ésta se tiene que 25 de los estudiantes practican la religión católica, 2 la cristina, 2 seleccionaron la opción de otra y 6 de ellos no practican ninguna religión.

En cuanto a los antecedentes académicos de los estudiantes se recopilaron algunos datos de su trayectoria académica de bachillerato. 16 de los alumnos de la muestra son egresados del COBACH, 8 del DGTI (CETIS / CBTIS), 7 del CECYTE, 3 del CONALEP y 1 realizó sus estudios de media superior en E.U.A. De acuerdo a la apropiación personal de los estudiantes 11 expresaron ser muy buenos académicamente, 16 ser buenos, 7 ser regulares y 1 manifestó ser malo.

Otro aspecto relevante es que 29 de los alumnos no repitieron ningún semestre durante su estadía en el bachillerato y 6 alumnos repitieron de uno a dos semestres. De los 6 alumnos que repitieron uno o dos semestres, 3 fue por motivos personales (falta de interés por el estudio, influencia negativa de los amigos, problemas de alcohol, drogas), 1 por motivos académicos (dificultades en las materias), 1 por motivos familiares (problemas con los padres, separación familiar) y 1 por motivos económicos (comienzo de la vida laboral, falta de recursos para costear gastos de estudios).

Las instituciones del nivel de media superior ofertan en sus programas curriculares especialidades de formación técnica; para algunos de los estudiantes cuando cursa la especialidad los orienta hacia la carrera que desean estudiar en el siguiente nivel educativo.

La encuesta arrojó que 18 alumnos de los alumnos estudiaron una especialidad técnica que no está relacionada con la licenciatura que están estudiando actualmente, los otros 17 alumnos expresaron que si está relacionada. Actualmente los alumnos están en el segundo semestre de la etapa de formación básica del programa de licenciatura pero de manera alterna van cursando asignaturas de la carrera que eligieron.
En la siguiente relación se muestra la cantidad de alumnos por carrera a la que van dirigidos.

CARRERA	Cantidad de alumnos
Bioingeniería	2
Ingeniero en Energías renovables	1
Aerospacial	3
Ingeniero Industrial	3
Ingeniero en Mecatrónica	3
Ingeniero Mecánico	5
Ingeniero Civil	3
Ingeniero en Electrónica	1
Licenciado en Sistemas Computacionales	11
No saben	3

Tabla 1

Además, la encuesta revela que 29 de los alumnos están estudiando la carrera que ellos decidieron estudiar; en caso contrario, 6 alumnos fueron reubicados a carreras en la rama de la ingeniería que ni siquiera tenían pensado estudiar. También se obtuvo información en relación a que 3 de los estudiantes ya habían iniciado otra carrera universitaria, ya sea dentro de esta universidad o de otra. Los otros 32 alumnos están haciendo su primera carrera universitaria.

Referente a la asignatura de Cálculo Integral, 13 de los alumnos están cursando por segunda ocasión la materia y los otros 22 alumnos la llevan por primera vez. Los alumnos inscritos en alguna de las licenciaturas de la UABC son identificados con estatus académico de regulares o irregulares por la institución.

Los alumnos regulares son los que están inscritos en todas sus materias en el mismo grado semestral y que la cursan por primera vez. Los alumnos irregulares tienen este status cuando cursan una materia por segunda vez, y/o están tomando materias de dos semestres consecutivos. En la muestra se identificaron 15 alumnos que cursan materias en primer y segundo semestre, o en segundo y tercero. Los otros 20 alumnos son regulares ya que cursan materias únicamente en segundo semestre.

1.3. Instrumentos para recopilación de información

Los instrumentos para recabar información del objeto de estudio utilizados fueron: el examen diagnóstico de conocimientos y un cuestionario breve que permitió evaluar el grado de integración y comunicación entre los miembros del grupo, así mismo aspectos relativos a la disponibilidad para el trabajo colaborativo en actividades didácticas y sociales.

Examen diagnóstico

El examen diagnóstico evaluó los conocimientos previos mínimos que debe tener el alumno de las asignaturas de Álgebra Lineal y Cálculo Diferencial que cursó en primer semestre y que son requisito para poder cursar la materia de Cálculo Integral.

Aspectos evaluados en Álgebra Lineal:

- Definición de polinomio, sus propiedades y sus características, mediante el uso de diferentes técnicas para determinar las raíces de los mismos o para su factorización.
- Manipulación de expresiones con binomios y polinomios de tercer y cuarto grado máximo, completas o incompletas que incluyen coeficientes enteros y/o racionales.
- Operaciones básicas con dos polinomios de sumas, restas, multiplicaciones o divisiones.

Aspectos evaluados en Cálculo Diferencial:

- Teoremas de derivación de funciones algebraicas: constante, potencia, producto, suma, resta y cociente.
- Derivadas de orden superior.
- Regla de la cadena.
- Teoremas de derivación de funciones trascendentes.
- Derivada de funciones trigonométricas.
- Derivada de la función logaritmo.

Los niveles de desempeño utilizados fueron: Insuficiente (DI), Elemental (DE), Bueno (DB) y Sobresaliente (DS), en los cuales se evaluó a los estudiantes en función del desempeño mostrado en las áreas de conocimiento mencionadas con anterioridad y de conformidad se muestran en la siguiente tabla.

Niveles de desempeño

Puntuación	Nivel de Desempeño	Abreviatura	Descripción del Nivel de Desempeño
0-59	Desempeño Insuficiente	DI	Resuelve problemas que implican el uso de operaciones aritméticas y algebraicas básicas de sumas, restas, multiplicaciones o divisiones con binomios y polinomios de tercer y cuarto grado con coeficientes enteros y/o racionales.
60-70	Desempeño Elemental	DE	Además de los conocimientos y habilidades del nivel anterior, maneja diferentes técnicas para determinar las raíces y factorizaciones de binomios y polinomios.
71 80	Desempeño Bueno	DB	Además de los conocimientos y habilidades del nivel anterior, resuelve derivadas aplicando los teoremas del producto, cociente, potencia, constante, suma, resta y la regla de la cadena en el cálculo de derivadas.
90-100	Desempeño Sobresaliente	DS	Además de los conocimientos y habilidades del nivel anterior, calcula derivadas de funciones más complejas como funciones trigonométricas y exponenciales.

Tabla 2

El examen diagnóstico se aplicó (21 de agosto) en la tercera sesión de la primera semana de clases del semestre 2013-2, de los 35 alumnos inscritos en la materia de Cálculo Integral solo 26 de ellos lo presentaron. (Anexo 2).

Los resultados de la evaluación del examen diagnóstico así como el nivel de desempeño donde se ubican los estudiantes se muestran en la siguiente tabla.

Género	Puntuación (Reactivo/Puntos)				PUNTUACIÓN TOTAL	NIVEL DE DESEMPEÑO
	1	2	4,5	3,6		
1. M	21	21	43	15	100	DS
2. M	14	11	0	0	25	DI
3. M	NP					*
4. M	21	15	10	0	43	DI
5. M	NP					*
6. M	21	21	28	0	70	DE
7. M	14	14	24	0	52	DI
8. M	14	11	0	0	25	DI
9. M	15	0	35	0	50	DI
10. F	24	0	0	0	24	DI
11. M	40	0	0	0	40	DI
12. M	0	0	0	0	25	DI
13. M	14	14	35	7	65	DE

Tabla 3a

*Los alumnos con NP significa que no presentaron el examen diagnóstico y dejaron de asistir a clases en diferentes fechas del período escolar.

Resultados del examen diagnóstico

Género		Puntuación (Reactivo/Puntos)				PUNTUACIÓN TOTAL	NIVEL DE DESEMPEÑO
		1	2	4,5	3,6		
14.	M	21	21	29	14	85	DB
15.	M	NP					*
16.	M	7	18	43	10	78	DB
17.	F	21	14	40	0	75	DB
18.	M	14	14	28	14	70	DB
19.	F	NP					*
20.	F	14	0	39	7	60	DE
21.	M	0	7	21	0	29	DI
22.	M	NP					*
23.	M	21	19	0	0	40	DI
24.	M	21	14	0	0	35	DI
25.	F	NP					*
26.	M	7	7	14	0	28	DI
27.	M	7	14	21	0	42	DI
28.	M	7	14	3	0	32	DI
29.	M	21	14	29	0	64	DB
30.	M	14	14	35	14	77	DB
31.	F	7	14	29	0	50	DI
32.	M	14	14	29	0	57	DI
33.	F	21	14	10	0	45	DE
34.	M	15	16	30	0	65	DE
35.	M	7	14	21	0	42	*

Tabla 3b

*Los alumnos con NP significa que no presentaron el examen diagnóstico y dejaron de asistir a clases en diferentes fechas del período escolar.

SOCIOGRAMAS (Diagramas solares)

Análisis (Aspecto académico positivo)

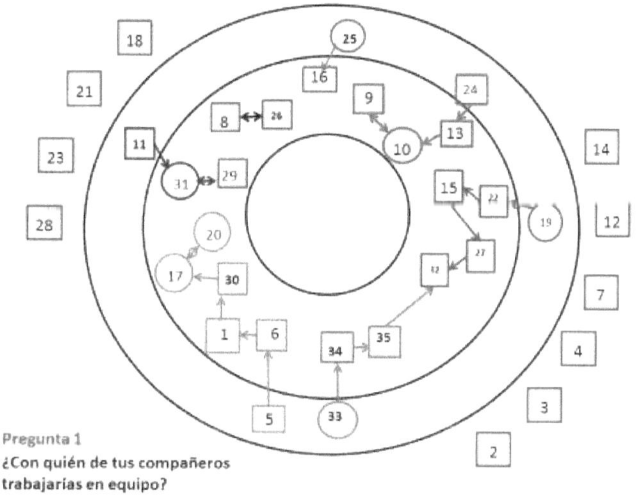

Fig. 1

Nota: Cada rectángulo identifica un estudiante de sexo masculino y cada círculo a una estudiante del sexo femenino.

Visión global

El grupo está conformado por 35 alumnos, 28 hombres y 7 mujeres. En general el grupo se muestra dividido en seis subgrupos mixtos en los cuales en cinco de ellos se integra una mujer. En el sociograma se aprecian 6 subgrupos –cadenas de estudiantes– y un conjunto de alumnos ubicados en el nivel de aislamiento. No destaca ningún líder. La cohesión existe entre los subgrupos y la comunicación fluye únicamente a este nivel, lo cual denota que hace falta mayor integración. Esta información permite inferir que el grupo se encuentra en etapa de adaptación para el estudio.

Análisis (Aspecto social)

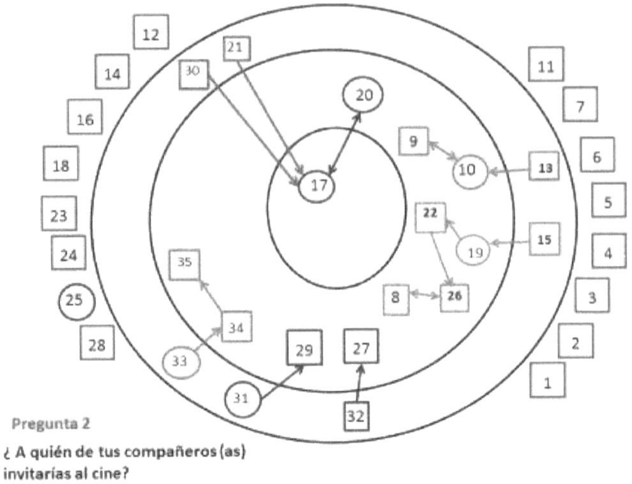

Fig. 2

Nota: Cada rectángulo identifica un estudiante de sexo masculino y cada círculo a una estudiante del sexo femenino.

Visión global

En el aspecto social el grupo está dividido también en seis subgrupos; de los cuales cinco subgrupos mixtos al menos con una integrante y el sexto subgrupo se conformó por dos alumnos varones. Aparece la alumna identificada con el número 17 como líder con 3 elecciones directas. La cohesión es limitada, y la comunicación es mayormente dispersa que en el diagrama solar anterior. En este diagrama solar surgieron 16 alumnos aislados socialmente más que en el aspecto académico. Lo que hizo considerar al grupo en etapa de formación.

Descripción individual de los alumnos que integran la muestra

	Género	1	2	3	Influencia	Características de personalidad
1.	M	I	A	A	+	Es un alumno muy participativo individualmente y en equipo. Su rendimiento académico es bueno. Es respetuoso. Cursa por segunda vez la materia, por lo que es alumno irregular. Cursa materias de segundo y tercer semestre. Va dirigido a la Carrera de Ingeniería Civil.
2.	M	A	A	A	-	Es un alumno poco participativo y trabaja en equipo. Con rendimiento académico bueno. Cursa por primera vez la materia con toda su carga académica únicamente en segundo semestre. Va dirigido a la Carrera de Bioingeniería.
3.	M	A	A	A	-	Es un alumno que falta mucho porque trabaja. Cuando va participa. Su rendimiento académico es deficiente. Está dispuesto al trabajo en equipo. Cursa por segunda vez la materia Su carga académica la tiene únicamente en segundo semestre. Va dirigido a la Carrera de Ingeniería Industrial.
4.	M	A	A	A	-	Es un alumno participativo. Con rendimiento académico con deficiencias. Muestra inseguridad al iniciar ciertas actividades académicas. Cursa por primera vez la materia. Es alumno irregular con carga académica en primer y segundo semestre. No tiene claro hacia que rama de la ingeniería dirigirse.
5.	M	M	A	A	-	Es un alumno que no participa y que no asiste a clases regularmente. No tengo más información que me permita identificarle más características.
6.	M	I	A	A	+	Es un alumno participativo. Con rendimiento académico bueno. Es muy responsable con las tareas y actividades escolares. Cursa por primera vez la materia. Es alumno regular con carga académica sólo en segundo semestre. Va dirigido a la carrera de Bioingeniería.

Descripción individual de los alumnos que integran la muestra

	Género	1	2	3	Influencia	Características de personalidad
7.	**M**	A	A	A	-	Es un alumno que no participa. Muestra disponibilidad para trabajar en equipo. Académicamente muestra deficiencias en conocimientos previos. Cursa por primera vez la materia. Es alumno regular con carga académica sólo en segundo semestre. Va dirigido a la carrera de Ingeniería en Mecatrónica.
8.	**M**	I	I	A	+	Es un alumno que no participa, con disponibilidad para el trabajo en equipo. Poco sociable. Académicamente no es bueno, presenta deficiencias de conocimientos matemáticos previos. Cursa por primera vez la materia. Es un alumno irregular, con carga académica en primer y segundo semestre. Va dirigido a la carrera de Licenciado en Sistemas Computacionales.
9.	**M**	I	I	A	+	Es un alumno participativo y sociable. Académicamente es muy bueno. Muestra disponibilidad para trabajar en equipo. Académicamente es regular. Cursa por primera vez la materia. Es alumno regular con carga académica sólo en segundo semestre. Va dirigido a la carrera de Licenciado en Sistemas Computacionales.
10.	**F**	I	I	A	+	Es una alumna participativa y sociable. Académicamente muestra algunas deficiencias en álgebra y operaciones con fracciones. Un poco insegura en las actividades escolares. Muestra disponibilidad para trabajar en equipo. Académicamente es regular. Cursa por primera vez la materia. Es alumna regular con carga académica sólo en segundo semestre. Va dirigida a la carrera de Licenciado en Sistemas Computacionales.
11.	**M**	M	A	A	-	Es un alumno que participa muy poco. Académicamente es bueno. Responsable y dedicado. Muestra disponibilidad para trabajar en equipo. Académicamente muestra deficiencias en conocimientos previos. Cursa por primera vez la materia. Es alumno regular con carga académica sólo en segundo semestre. Va dirigido a la carrera de Ingeniería Civil.

Descripción individual de los alumnos que integran la muestra

	Género	1	2	3	Influencia	Características de personalidad
12.	M	A	A	A	-	Es un alumno que participa muy poco y que no asiste a clases regularmente por causas laborales. Es responsable y se preocupa por estar al corriente en los temas vistos. Académicamente es bueno, con disponibilidad para trabajar en equipo. Cursa por segunda vez la materia. Es alumno irregular con carga académica segundo y tercer semestre. Va dirigido a la carrera de Ingeniería Renovable.
13.	M	I	M	A	+	Es un alumno muy participativo individualmente y en equipo. Académicamente es muy bueno y responsable con las tareas y actividades académicas. Académicamente es bueno. Cursa por primera vez la materia. Es alumno regular con carga académica sólo en segundo semestre. Va dirigido a la carrera de Ingeniería Aeroespacial.
14.	M	A	A	A	-	Es un alumno que participa muy poco. Académicamente es bueno y no es cumplido con algunas tareas. Académicamente es bueno, con disponibilidad para trabajar en equipo. Cursa por primera vez la materia. Es alumno irregular con carga académica segundo y tercer semestre. Va dirigido a la carrera de Ingeniería en Mecatrónica.
15.	M	I	A	A	+	Es un alumno que no participa y que no asiste a clases regularmente. Muestra disponibilidad para el trabajo en equipo. No tengo más información que me permita identificarle más características.
16.	M	I	A	A	+	Es un alumno participativo. Académicamente bueno. Muy serio y muy poco sociable. Académicamente es bueno, con disponibilidad para trabajar en equipo. Cursa por segunda vez la materia. Es alumno irregular con carga académica de segundo y tercer semestre. Va dirigido a la carrera de Licenciado en Sistemas Computacionales.

Descripción individual de los alumnos que integran la muestra

	Género	1	2	3	Influencia	Características de personalidad
17.	**F**	I	L	A	+	Es una alumna muy participativa individualmente y en equipo. Académicamente es muy buena, responsable y cumplida con las tareas y actividades escolares. Es seria y sociable con las personas que conoce. Cursa por segunda vez la materia. Es alumna irregular con carga académica de segundo y tercer semestre. Va dirigida a la carrera de Ingeniería Industrial.
18.	**M**	A	A	A	-	Es un alumno participativo. Con rendimiento académico deficiente. Sociable y respetuoso. Cursa por primera vez la materia. Es alumno irregular con carga académica de segundo y tercer semestre. No tiene aún definido que rama de la Ingeniería dirigirse.
19.	**F**	M	I	A	+	Es una alumna que no participa y con muchas inasistencias a clases. Más sin embargo expresó su interés por el trabajo en equipo. No tengo más información que me permita identificarle más características.
20.	**F**	I	I	A	+	Es una alumna que participa muy poco. Con interés para el trabajo en equipo. Cursa por segunda vez la materia. No tengo más información que me permita identificarle más características.
21.	**M**	A	M	A	-	Es un alumno que participa muy poco. Académicamente es un alumno que muestra deficiencias en manejo del álgebra. Está cursando por segunda ocasión la materia. Es alumno irregular con carga académica de segundo y tercer semestre. No tiene aún definido que rama de la Ingeniería dirigirse.
22.	**M**	I	I	A	+	Es un alumno que no participa, que expresó interés por el trabajo en equipo. Ha faltado a clases la última semana, con posibilidad de que se haya dado de baja en la materia. No tengo más información que me permita identificarle más características.

Descripción individual de los alumnos que integran la muestra

	Género	1	2	3	Influencia	Características de personalidad
23.	M	A	A	A	-	Es un alumno que no participa, con interés por participar en el trabajo en equipo. Académicamente es un alumno que presenta algunas deficiencias en conocimientos previos. Está cursando por primera vez la materia. Es alumno irregular con carga académica de segundo y tercer semestre. Va dirigido a la carrera de Licenciado en Sistemas Computacionales.
24.	M	M	A	A	-	Es un alumno que no participa pero, si trabaja en equipo. Académicamente es un alumno bueno. . Académicamente es bueno. Cursa por primera vez la materia. Es alumno regular con carga académica sólo en segundo semestre. Va dirigido a la carrera de Ingeniería en Electrónica.
25.	F	M	A	A	-	Es una alumna que no participa, pero hace todas las actividades escolares. No asiste a clases regularmente, es colaborativa en el trabajo en equipo. Académicamente es buena. Cursa por segunda vez la materia, muestra ansiedad en las clases, a parecer porque domina los temas, desconozco los motivos del porqué repite la materia. Es muy seria en clases y socializa muy poco. Su carga académica la tiene en segundo y tercer semestre. Va dirigida a la carrera de Licenciado en Sistemas Computacionales.
26.	M	I	I	A	+	Es un alumno que no participa, que colabora en el trabajo en equipo Académicamente presenta deficiencias en manejo del álgebra y con operaciones con fracciones. Cursa la materia por primera vez. Es un alumno irregular que cursa materias de primer y segundo semestre. Va dirigido a la carrera de Licenciado en Sistemas Computacionales.
27.	M	I	I	A	+	Es un alumno que no participa individualmente, pero si trabaja en equipo. Académicamente es bueno. Cursa por primera vez la materia. Es un alumno regular que cursa solo materias de segundo semestre. Va dirigido a la carrera de Licenciado en Sistemas Computacionales.

Descripción individual de los alumnos que integran la muestra

	Género	1	2	3	Influencia	Características de personalidad
28.	M	A	A	A	+	Es un alumno que participa muy poco y falta a clases ocasionalmente. Es colaborativo en el trabajo en equipo. Cursa por segunda vez la materia. Académicamente es un alumno con deficiencia en conocimientos previos. Socializa muy poco. Es alumno regular que cursa solo materias de segundo semestre. Va dirigido a la carrera de Ingeniería Mecánica.
29.	M	I	I	A	+	Es un alumno que no participa individualmente, pero si trabaja en equipo. No es sociable. Pero está dispuesta a trabajar en equipo. Cursa por primera vez la materia. Académicamente tiene deficiencia en temas como operaciones con fracciones y álgebra. Manifiesta inseguridad, menciona que no tiene los conocimientos previos necesarios para cursar la materia. Es alumna regular que solo cursa materias de segundo semestre. Va dirigida a la carrera de Ingeniería Industrial.
30.	M	I	M	A	+	Es un alumno que participa muy poco, que también trabaja en equipo. Cursa por segunda vez la materia. Es alumno regular que cursa únicamente materias de segundo semestre. Va dirigido a la carrera de Ingeniería Aeroespacial.
31.	F	I	M	A	+	Es una alumna muy participativa, que colabora en el trabajo en equipo. Cursa por primera vez la materia. Es una alumna regular que cursa únicamente materias de segundo semestre. Va dirigida a la carrera de Ingeniería Civil.
32.	M	I	M	A	+	Es un alumno que no participa individualmente pero si trabaja en equipo. Cursa por primera vez la materia. Es un alumno regular que cursa solo materias de segundo semestre. Va dirigido a la carrera de Licenciado en Sistemas Computacionales.

Descripción individual de los alumnos que integran la muestra

	Género	1	2	3	Influencia	Características de personalidad
33.	F	M	M	A	-	Es una alumna participativa individualmente y en equipo. Académicamente presenta algunas deficiencias en conocimientos previos. Cursa por primera vez la materia. Es alumna irregular que cursa materias de segundo y tercer semestre. Va dirigida a la carrera de Ingeniería Civil.
34.	M	I	I	A	+	Es un alumno que no participa y que no asiste a clases regularmente. Colabora en el trabajo en equipo. Académicamente muestra deficiencias en álgebra. Cursa por segunda vez la materia. Es alumno irregular que cursa materias de segundo y tercer semestre. Va dirigido a la carrera de Ingeniero en Mecatrónica.
35.	M	I	I	A	+	Es un alumno participativo individualmente y en equipo, que falta ocasionalmente. Académicamente es bueno. Cursa por segunda vez la materia. Es alumno irregular que cursa materias de segundo y tercer semestre. Va dirigido a la carrera de Ingeniería Aeroespacial.

1.4. Resultados del diagnóstico

A continuación se presentan los resultados en los niveles de desempeño obtenidos por cada uno de los alumnos que presentaron el examen diagnóstico.

	Género	Nivel de Desempeño	ÁREAS DEL CONOCIMIENTO	
			Álgebra	**Cálculo Diferencial**
1.	M	DS	No tiene deficiencias de desempeño en esta área.	No tiene problemas en la resolución de derivadas.
2.	M	DI	Muestra deficiencia para determinar raíces y factorizaciones de polinomios.	No tiene el conocimiento para resolver derivadas de funciones trigonométricas y exponenciales.
3.	M	NP		*
4.	M	DI	Muestra deficiencia para determinar raíces y factorizaciones de polinomios	No tiene el conocimiento para resolver derivadas de funciones trigonométricas y exponenciales.
5.	M	NP		*
6.	M	DE	Desconoce cuándo aplicar las técnicas para calcular raíces y realizar factorizaciones de polinomios.	No tiene el conocimiento para resolver derivadas de funciones trigonométricas y exponenciales.
7.	M	DI	Muestra deficiencia para determinar raíces y factorizaciones de polinomios grado con coeficientes enteros y/o racionales.	No tiene el conocimiento para resolver derivadas de funciones trigonométricas y exponenciales.
8.	M	DI	Muestra deficiencia para determinar raíces y factorizaciones de polinomios	No tiene el conocimiento para resolver derivadas de funciones trigonométricas y exponenciales.
9.	M	DI	Muestra deficiencia en las técnicas para determinar las raíces y factorizaciones de polinomios; y con las operaciones básicas de sumas, restas, multiplicaciones o divisiones con dos polinomios de tercer y cuarto grado de coeficientes enteros y/o racionales.	Tiene deficiencias en la solución de funciones trigonométricas y exponenciales.
10.	F	DI	Desconoce algunas características y propiedades de los polinomios. Desconoce las técnicas para determinar las raíces y factorizaciones de polinomios.	No tiene el conocimiento para resolver derivadas de funciones trigonométricas y exponenciales.
11.	M	DI	Desconoce las propiedades y características de los polinomios. No tiene conocimientos sobre las técnicas para determinar las raíces y factorizaciones de polinomios. No resuelve las operaciones básicas de sumas, restas, multiplicaciones o divisiones con dos polinomios de tercer y cuarto grado con coeficientes enteros y/o racionales.	No tiene el conocimiento para resolver derivadas de funciones trigonométricas y exponenciales.
12.	M	DI	Muestra deficiencia para determinar raíces y factorizaciones de polinomios.	No tiene el conocimiento para resolver derivadas de funciones trigonométricas y exponenciales.

13.	M	DE	Desconoce algunas características y propiedades de los polinomios.	No tiene el conocimiento para resolver derivadas de funciones trigonométricas y exponenciales.
14.	M	DI	Muestra deficiencias en todos los puntos a evaluar en esta área.	Muestra deficiencias en todos los puntos a evaluar en esta área.
15.	M	NP		*
16.	M	DB	Desconoce algunas características y propiedades de los polinomios.	Manifiesta algunos problemas en la solución de derivadas de funciones trigonométricas y exponenciales.
17.	F	DB	Desconoce algunas características y propiedades de los polinomios.	Manifiesta algunos problemas en la solución de derivadas de funciones trigonométricas y exponenciales.
18.	M	DB	Desconoce algunas características y propiedades de los polinomios.	Manifiesta algunos problemas en la solución de derivadas de funciones trigonométricas y exponenciales.
19.	F	NP		*
20.	F	DB	Desconoce algunas características y propiedades de los polinomios.	Manifiesta algunos problemas en la solución de derivadas de funciones trigonométricas y exponenciales.
21.	M	DE	Muestra deficiencia en las técnicas para determinar las raíces y factorizaciones de polinomios; y con las operaciones básicas de sumas, restas, multiplicaciones o divisiones con dos polinomios de tercer y cuarto grado de coeficientes enteros y/o racionales.	Tiene deficiencias en la solución de derivadas de funciones trigonométricas y exponenciales.
22.	M	NP		*
23.	M	DI	Muestra deficiencia en las técnicas para determinar las raíces y factorizaciones de polinomios; y con las operaciones básicas de sumas, restas, multiplicaciones o divisiones con dos polinomios de tercer y cuarto grado de coeficientes enteros y/o racionales.	Tiene deficiencias en la solución de derivadas de funciones trigonométricas y exponenciales.
24.	M	DI	Muestra deficiencia en las técnicas para determinar las raíces y factorizaciones de polinomios; y con las operaciones básicas de sumas, restas, multiplicaciones o divisiones con dos polinomios de tercer y cuarto grado de coeficientes enteros y/o racionales.	Tiene deficiencias en la solución de derivadas de funciones trigonométricas y exponenciales.
25.	F	NP		*
26.	M	DI	Muestra deficiencia en las técnicas para determinar las raíces y factorizaciones de polinomios; y con las operaciones básicas de sumas, restas, multiplicaciones o divisiones con dos polinomios de tercer y cuarto grado de coeficientes enteros y/o racionales.	Tiene deficiencias en la solución de derivadas de funciones trigonométricas y exponenciales.
27.	M	DI	Muestra deficiencia en las técnicas para determinar las raíces y factorizaciones de polinomios; y con las operaciones básicas de sumas, restas, multiplicaciones o divisiones con dos polinomios de tercer y cuarto grado de coeficientes enteros y/o racionales.	Tiene deficiencias en la solución de derivadas de funciones trigonométricas y exponenciales.
28.	M	DI	Desconoce cuándo aplicar las técnicas para calcular raíces y realizar factorizaciones de polinomios.	Manifiesta algunos problemas en la solución de derivadas de funciones trigonométricas y exponenciales.
29.	M	DI	Desconoce algunas características y propiedades de los polinomios.	Manifiesta algunos problemas en la solución de derivadas de funciones trigonométricas y exponenciales.

30.	M	DB	Desconoce algunas características y propiedades de los polinomios.	Manifiesta algunos problemas en la solución de derivadas de funciones trigonométricas y exponenciales.
31.	F	DB	Desconoce algunas características y propiedades de los polinomios.	Manifiesta algunos problemas en la solución de derivadas de funciones trigonométricas y exponenciales.
32.	M	DI	Muestra deficiencia en las técnicas para determinar las raíces y factorizaciones de polinomios; y con las operaciones básicas de sumas, restas, multiplicaciones o divisiones con dos polinomios de tercer y cuarto grado de coeficientes enteros y/o racionales.	Tiene deficiencias en la solución de derivadas de funciones trigonométricas y exponenciales.
33.	F	DI	Muestra deficiencia en las técnicas para determinar las raíces y factorizaciones de polinomios; y con las operaciones básicas de sumas, restas, multiplicaciones o divisiones con dos polinomios de tercer y cuarto grado de coeficientes enteros y/o racionales.	Tiene deficiencias en la solución de derivadas de funciones trigonométricas y exponenciales.
34.	M	DE	Muestra deficiencia en las técnicas para determinar las raíces y factorizaciones de polinomios; y con las operaciones básicas de sumas, restas, multiplicaciones o divisiones con dos polinomios de tercer y cuarto grado de coeficientes enteros y/o racionales.	Resuelve derivadas sencillas utilizando únicamente la regla de potencias.
35.	M	DE	Desconoce algunas características y propiedades de los polinomios.	No tiene el conocimiento para resolver derivadas de funciones trigonométricas y exponenciales.

Tabla 5

*Los alumnos con NP significa que no presentaron el examen diagnóstico y dejaron de asistir a clases en diferentes fechas del período escolar.

Problemática identificada

De los 35 alumnos del grupo, solo 29 presentaron el examen diagnóstico, la evaluación de estos alumnos arrojaron que el 58.62 % se encuentran en un nivel de desempeño insuficiente (DI) ya que no tienen la competencia para resolver desigualdades lineales mediante el uso de sus propiedades en la resolución de problemas. Así como tampoco tienen la competencia para realizar operaciones entre funciones en base a la aplicación del álgebra de funciones. Además de carecer de la competencia para obtener las derivadas inmediatas de funciones algebraicas, exponenciales y trigonométricas en la resolución de problemas aplicando fórmulas y teoremas de derivación.

Esta evaluación también arrojó que los estudiantes no aplican los conocimientos que debieron adquirir en matemáticas y álgebra en los niveles de educación media y media superior previos al nivel educativo que están cursando actualmente. Tampoco adquirieron las competencias y/o carecen de habilidades que debieron desarrollar en la formación de educación básica (secundaria).

Algunas de estas deficiencias son en el manejo y comprensión de las operaciones aritméticas básicas (suma, resta, multiplicación y división) que les impide interpretar el concepto asociado con funciones lineales, cuadráticas y grado mayor; de tal forma que esta falta de conocimiento disminuye las posibilidades de poder aplicarlo en la modelación matemática de un problema.

Otra deficiencia encontrada en estos alumnos es el desconocimiento de los diferentes métodos de factorización y solución de sistemas de ecuaciones (binomios y polinomios) de coeficientes enteros y/o racionales.

El 17.62 % de los alumnos evaluados del grupo 111, tienen un nivel de desempeño elemental (DE), es decir; estos alumnos cuentan con bases sólidas en conocimientos del manejo de los diferentes métodos de factorización y solución de ecuaciones algebraicas de diferente grado adquiridos en su formación básica (secundaria), pero carecen conocimiento para obtener las derivadas de funciones logarítmicas y exponenciales y de algunos teoremas de derivación correspondientes a determinadas funciones. Propiciando un obstáculo en el aprendizaje del tema inicial de Antiderivación de la materia de Cálculo Integral.

El 20.69% se ubican en el nivel de desempeño bueno (DB), estos alumnos tienen presentan algunas deficiencias en el manejo de características y propiedades de polinomios, además; tienen deficiencias en la solución de derivadas de funciones trigonométricas y exponenciales. El 3.45 % restante está representado por un alumno que se encuentra en el nivel de desempeño sobresaliente (DS).

1.5. Recomendaciones

- ✓ Diseñar secuencias didácticas basadas en la combinación de los métodos para la resolución de problemas de G. Polya y A. Schoenfeld donde tenga aplicación la integral definida.

- ✓ Realizar técnicas didácticas para estimular y fortalecer las habilidades de atención, concentración, sistematización, planificación y flexibilidad de pensamiento de los estudiantes, necesarias para el desarrollo de las actividades propuestas en las secuencias didácticas.

- ✓ Organizar actividades en equipo dentro del aula que permitan poner en práctica la colaboración y participación como miembros de un equipo para favorecer valores como es el escuchar y respetar las opiniones de los demás; procurando que las relaciones se den entre todos los miembros de equipo.

- ✓ Procurar que los subgrupos existentes para fines de estudio y amistad permanezcan abiertos a todos los miembros del grupo.

- ✓ Fomentar la autoestima positiva en algunos alumnos que muestran inseguridad cuando se les cuestiona sobre contenidos temáticos que deben tener –conocimientos previos.

CAPÍTULO II

CONTEXTUALIZACIÓN TEÓRICA DEL OBJETO

CAPÍTULO II

CONTEXTUALIZACIÓN TEÓRICA DEL OBJETO

2.1. Panorama local, nacional e internacional del logro académico en matemáticas

El sistema educativo mexicano fundamenta su teoría curricular en las necesidades políticas y económicas demandadas por la sociedad actual. Tales necesidades influyen en el planteamiento de los objetivos a lograr en los planes y programas de estudio de los diferentes niveles educativos del sistema. Algunos de estos objetivos son desarrollar las habilidades lectoras y matemáticas en los estudiantes. Específicamente, en matemáticas se pretende que los estudiantes desarrollen habilidades para el razonamiento lógico en la resolución de problemas no rutinarios y para comunicarse a través de ideas fundamentadas en las matemáticas en una sociedad tecnológicamente avanzada. (Sánchez, 2005, citado en Zaldívar, 2006). Sin embargo, los resultados de los diferentes instrumentos de evaluaciones nacionales e internacionales no son muy alentadores; tales resultados denotan que estas habilidades cognitivas no se han logrado desarrollar en los estudiantes de nuestra localidad y en general del país.

Entre los instrumentos existentes que permiten conocer el logro educativo de los estudiantes, está la Evaluación Nacional de Logro Académico en Centros Escolares (ENLACE). Esta prueba se aplica a planteles públicos y privados del país por la Secretaría de Educación Pública (SEP), en los niveles de educación básica para estudiantes de tercero a sexto y jóvenes de secundaria en los tres grados; y en educación media superior a jóvenes que cursan el último grado (SEP, 2013).

ENLACE dentro de sus objetivos hace la medición de contenidos relacionados con asignaturas instrumentales básicas, como español y matemáticas, ambas son indispensables tanto para diagnosticar las habilidades para la vida como para medir el logro del sistema educativo. Estos objetivos son comunes a los considerados en el Programa para la Evaluación Internacional de Alumnos (PISA, por sus siglas en inglés) que es elaborada por la Organización para la Cooperación y Desarrollo Económicos (OCDE).

La evaluación PISA la resuelven estudiantes de 15 años en más de 60 países en el mundo y se aplica cada tres años. México se incorporó a este programa en el año 2000, y en específico la evaluación en competencias en el área de matemáticas participa desde el 2003. (INNE, 2013).

Otro instrumento de evaluación educativa es el EXHCOBA (Examen de Habilidades y Conocimientos Básicos), este examen evalúa las nociones y no las precisiones del conocimiento, así como la comprensión y la aplicación de los aprendizajes de los estudiantes, que se consideran indispensables para cursar con éxito los estudios de bachillerato y de licenciatura. El propósito central del EXHCOBA es seleccionar a los mejores estudiantes que desean ingresar al bachillerato y a las instituciones de educación superior. De manera secundaria, también se busca detectar deficiencias en las competencias escolares básicas de los estudiantes, (EXHCOBA, 2011).

Algunas instituciones de educación superior del país realizan evaluaciones colegiadas que les permiten medir el logro académico del estudiantado en materias de matemáticas que se imparten en las etapas de formación básica de las licenciaturas ofertadas por las instituciones.

Para fines de contextualizar la intervención educativa descrita en este trabajo, haremos una recopilación general de datos sobre el logro educativo en el área de matemáticas de los estudiantes de secundaria y bachillerato, posteriormente se abordará el logro educativo en matemáticas avanzadas para el nivel de educación superior, siendo este último el nivel educativo en el que se centra nuestro trabajo. La contextualización del objeto de estudio se ubica en la ciudad de Mexicali Baja California, México. Los resultados del logro académico en matemáticas de este objeto se comparan contra los resultados de los otros cuatro municipios que conforman la entidad federativa; posteriormente, este resultado se coteja con los resultados de los otros estados de la república mexicana. Finalmente, se muestra el logro académico de nuestros estudiantes con los estudiantes de otros países que también participan en la evaluación internacional PISA.

Antecedentes y panorama local

Al comparar el desempeño de los estudiantes de secundaria de los cinco municipios en la evaluación de ENLACE 2010 en Baja California, en específico en el área de matemáticas tenemos que los estudiantes de Tecate resultaron con mejor logro académico en la entidad, seguidos de los de Ensenada, Rosarito, Tijuana y por último Mexicali. La diferencia en puntaje entre los estudiantes de Mexicali y Tecate es de 32.6. (ENLACE, 2010).

Para tener un panorama de cómo llegan los estudiantes de secundaria que aspiran un lugar en el nivel de media superior se tomaron en cuenta los resultados del Examen de Habilidades y Conocimientos Básicos (EXHCOBA) 2010; en los que participan los subsistemas educativos CECYTE, COBACH, CONALEP y la Preparatoria Federal Lázaro Cárdenas. De acuerdo al resultado global de la evaluación de las cuatro instituciones, en el área de matemáticas los aspirantes lograron solucionar el 29.80% de los problemas; es decir, 4.47 de los 15 reactivos. En esta área se incluyen: operaciones básicas, fracciones, decimales, geometría y álgebra. Los resultados por municipio se mantienen aproximados entre un rango de 25.78 y 26.73 quedando ubicados de mayor a menor por el puntaje obtenido por los estudiantes en el siguiente orden: Rosarito, Tecate, Ensenada, Tijuana y Mexicali.

Los resultados de esta prueba deben de considerarse con cierto detenimiento, pues aun cuando son de alto impacto para el sustentante, representan una muestra de habilidades y conocimientos específicos, relacionados con los planes y programas del nivel básico. En este caso, los promedios aquí evidenciados implican que los egresados de básica, poseen los atributos necesarios para solicitar su espacio en una institución determinada de acuerdo al perfil de ingreso del Bachillerato. De acuerdo al estudio, se recomienda que sea necesario fortalecer todas las áreas evaluadas, especialmente las referidas a Matemáticas y Ciencias Naturales. (EXHCOBA, 2010).

En datos recientes, el Informe de Progreso Educativo 2013 (IPE) reportó que el nivel de educación media superior de Baja California presentó un aumento de 1.25 puntos. El estado se ubicó en la primera posición en la escala nacional, con un índice de 7.76 en 2013. El estado mostró un crecimiento promedio anual de 3.6 por ciento, mayor al desempeño observado a nivel nacional, de 2.0 por ciento.

El aumento en el índice fue impulsado principalmente por el componente de calidad educativa con un incremento del promedio anual de 7.4 por ciento. A diferencia de otros niveles educativos, la educación media superior presentó un mayor incremento en logro escolar, el cuál alcanzó un valor de 10.0 en 2013.

Los resultados para el estado de Baja California indican que el progreso educativo es más sensible que el nacional a cambios en los recursos tecnológicos en las escuelas y niveles de pobreza. Por otro lado, es menos sensible al promedio a cambios en el nivel de preparación académica de docentes y directivos, así como la capacidad de los sistemas educativos para absorber la demanda por servicios. (IIE, 2013).

Antecedentes y panorama nacional

Para conocer acerca del logro educativo y de acuerdo al Segundo Informe de Progreso Educativo en México (IPE), donde se contemplan solo el nivel de educación básica y media superior 2008-2013, revela que el nivel nacional en una escala de 1 al 10 México tiene un valor de 6.9 puntos solo 0.1 mayor al del año pasado. De acuerdo con esta medición, entre 2008 y 2013 el avance ha sido en promedio de solo 0.2 puntos por año, lo cual indica que la educación ha estado estancada. (IIE, 2013). El nivel de secundaria tiene menor puntaje que el nivel de media superior con puntajes de logro académico de 1.9 y 8.3, respectivamente.

A nivel estatal el IPE para el año 2013 oscila entre 6.2 y 7.6 puntos. Las 5 entidades que presentan un mayor índice son Baja California, Sonora, Distrito Federal, Baja California Sur, y Tabasco, todos con un valor mayor a 7.2. Los 5 Estados con menor IPE son Veracruz, San Luis Potosí, Guerrero, Michoacán y Oaxaca, con valor menor a 6.7.

Por otro lado, los resultados de EXHCOBA de las cinco universidades públicas del país que absorben la mayoría de alumnos que estudiaban (96 mil 400 estudiantes) el nivel superior en los estados de Baja California, Querétaro, Nayarit, Sonora y Guanajuato en los años 2006 y 2007 arrojaron los siguientes datos:

1. En promedio, los estudiantes de las cinco instituciones obtuvieron 66% de aciertos en los contenidos temáticos que se enseñan en la primaria y que se relacionan con las siguientes habilidades cuantitativas: Manejo de números y cantidades, Operaciones básicas, Fracciones y quebrados, Geometría y medidas, Proporciones y porcentaje, Ángulos y Probabilidad y estadística.
2. En promedio, los alumnos evaluados respondieron correctamente 50% de los reactivos que evalúan los conocimientos básicos de matemáticas que se imparten en la secundaria y que se relacionan con las siguientes áreas temáticas: Aritmética, Sistema binario, Geometría, Probabilidad y Álgebra.

Los resultados anteriores midieron las competencias básicas, mínimas e indispensables consideradas necesarias para continuar aprendiendo la asignatura de matemáticas en la educación media superior y superior.

Esta información señala el bajo nivel de escolaridad con que egresan los estudiantes del bachillerato en México. En este caso, se trata de un bajo nivel de habilidades básicas de razonamiento matemático que, en teoría, se deben adquirir durante la educación básica (primaria y secundaria). Al respecto, basta señalar que los estudiantes que aspiran a ingresar al nivel de educación superior en las cinco entidades federativas presentan serias deficiencias en los aprendizajes esperados de matemáticas en los niveles educativos señalados. (Larrazolo, 2013).

Los reportes de los resultados del estudio de PISA en el 2009/grado 12 mostraron que a nivel nacional, 30% de los estudiantes que terminan el tercer grado de bachillerato se encuentran ubicados por debajo del nivel 2 y otro 30% se ubica en el nivel 1 o 0. Es decir que, en el mejor de los casos el 60% de los estudiantes mexicanos logran utilizar algoritmos, fórmulas, convenciones o procedimientos elementales, y son capaces de efectuar razonamientos directos e interpretaciones literales de los resultados. (INEE, 2011).

Por otro lado, análisis más recientes como el Informe de Resultados PISA 2012 hace comparaciones del rendimiento de los alumnos en matemáticas entre los resultados de las evaluaciones de PISA 2003 y 2012. En dicho informe se revela que el rendimiento de los estudiantes evaluados mejoró de 385 puntos en 2003 a 413 puntos en 2012. Sin embargo, en PISA 2012, el 55% de los alumnos mexicanos no alcanzó el nivel de competencias básicas en matemáticas.

Antecedentes y panoramas internacionales

La evaluación de PISA 2012 fue aplicada en 65 países (OCDE, 2013), donde destacaron principalmente los países asiáticos. Las primeras cinco posiciones las ocuparon Shanghai-China con 613, Singapur con 573, Hong Kong-China con 561, Taipei con 560 y Corea del Sur con 554. Por otro lado los resultados señalan que la educación en América Latina se halla por debajo del estándar promedio de la OCDE determinada en 494 puntos específicamente para el área de matemática.

Los países europeos más sobresalientes fueron Liechtenstein con 535, Suiza con 531, Holanda con 523 y Estonia con 521, ocupando las posiciones 8, 9, 10 y 11 respectivamente. Cabe señalar que el país que se encuentra en la media de la OCDE es el Reino Unido.

Los países que están mejor posicionados en la región son Chile y México. México ocupa la posición 53 con el promedio obtenido en matemáticas de 413 puntos. Este resultado lo ubica en 26 posiciones debajo de la media de la OCDE, por lo que se encuentra ubicado por debajo de países como Portugal, España y Chile entre otros.

México se encuentra en un nivel similar al de Uruguay y Costa Rica, y por encima de Brasil, Argentina, Colombia y Perú. Este último no solo obtuvo puntajes muy lejanos a este promedio, sino que ocupó el último lugar en todas las categorías evaluadas y en matemáticas la más baja, con 368, es decir todas las puntuaciones fueron superadas por los otros 64 países participantes de la evaluación.

2.2. Marco de referencia

Algunas teorías correspondientes a la psicología del aprendizaje relacionan los elementos de la enseñanza, del aprendizaje y al alumno. Enseñar es promover la discusión sobre los problemas planteados, es brindar la oportunidad de coordinar diferentes puntos de vista, es orientar hacia la solución cooperativa de las situaciones problemáticas. Enseñar es alentar la formulación de conceptualizaciones necesarias para el progreso en el dominio del objeto de conocimiento, es propiciar redefiniciones sucesivas hasta alcanzar un conocimiento próximo al saber socialmente establecido. (Lerner 1996, en De la Rosa, 2003).

Los antecedentes históricos en logros académicos de los estudiantes y la enseñanza del cálculo en bachillerato están ligados indiscutiblemente a una problemática reconocida internacionalmente y que ha sido motivo de muchas investigaciones en matemática educativa.

La situación problemática tiende a crecer cuando en el proceso de aprendizaje del cálculo ciertos conocimientos previos básicos que debe traer consigo el alumno –conocimientos en los ejes temáticos de aritmética y álgebra, que debieron ser concebidos en secundaria- con carácter de dominio y manejo, simplemente, no los tiene. Los conocimientos previos básicos son requeridos para que el estudiante pueda alcanzar satisfactoriamente las competencias matemáticas en la materia de aprendizaje.

Esta situación también es común en nuestro contexto de estudio, los resultados académicos en matemáticas que traen consigo los estudiantes que ingresan a estudiar una carrera de la rama de las ingenierías en la Facultad de Ingeniería campus Mexicali (FIM) de la Universidad Autónoma de Baja California (UABC); no son suficientes para enfrentar las materias de cálculo que conforman el tronco común de las diferentes carreras de ingeniería que pretenden estudiar. (Cantoral, Farfán, 2000).

Así mismo, las investigaciones en matemática educativa sustentan que aun aquellos estudiantes de ciencias e ingenierías que ya han cursado uno o dos veces materias de cálculo diferencial o integral muestran serias deficiencias en conceptos de los contenidos temáticos de las propias materias que supone ya aprendieron. (Aparicio y Ávila, 2006). En nuestro caso de estudio, también pudimos constatar que estudiantes que llevaron cursos previamente de cálculo diferencial o integral una o más veces no tienen un rendimiento aceptable en la materia.

Otra posible explicación a esta situación es que tradicionalmente los cursos se establecen bajo la perspectiva de una matemática estática, mecánica, descontextualizada y sin sentido. Esto conduce, en el mejor de los casos, a una cierta habilidad en la parte operativa pero con un gran desconocimiento de la parte conceptual. Incluso es creencia común en los estudiantes que hacer matemáticas significa hacer operaciones puntuales, manipular signos y memorizar (Stroup, 2002).

Sin embargo, las deficiencias que se presentan en el proceso de enseñanza- aprendizaje de la materia no son consecuencia única del sujeto que enseña y del que aprende, sino también de la propia asignatura. Las investigaciones en matemática educativa, pueden influir en lo que es el aprendizaje de la matemática hoy día, replanteándose cómo debería construirse el conocimiento si el fin es el aprendizaje, entendiendo las dificultades de sus procesos y sus fenómenos, donde su base fundamental es analizar la confrontación existente entre la obra matemática y el discurso matemático escolar y rediseñar este último, lo cual provocará un aprendizaje que resignifique al estudiante. (Reyes, 2010).

2.3.El discurso matemático en el cálculo

Por décadas los métodos de enseñanza y el diseño de las estructuras curriculares han sido resultado de las propias concepciones matemáticas y experiencias que vivieron en el aula los educadores. Casi siempre, estas concepciones veían a las matemáticas como un cuerpo ya elaborado de conocimientos y por lo tanto, el papel del profesor y de quienes elaboraban los planes de estudio consistía en diseñar estrategias –de lo simple a lo complejo– que permitieran a los estudiantes "asimilar" tales conocimientos. (Artigue, Douady y Moreno, 1995).

Los estudiantes aprenden matemáticas por medio de las experiencias que les proporcionan los profesores. Por tanto, la comprensión de las matemáticas por parte de los estudiantes, su capacidad para usarlas en la resolución de problemas, y su confianza y buena disposición hacia las matemáticas están condicionadas por la enseñanza que encuentran en la escuela. (Godino, Batanero y Font, 2003).

Otro referente en el mismo sentido dice, al parecer, la forma de proceder en el aula los profesores de matemáticas fundamentalmente se apoyan en creencias como "lo que son las matemáticas". Por la práctica docente observada evidencian que creen que las matemáticas escolares son un cuerpo de conocimientos bien estructurados en los que hay conceptos, objetos, definiciones, teoremas y axiomas, que los estudiantes deben de aprender esperando que se presente alguna ocasión para ser utilizados.(G. Brousseau, 1986).

Muchos de los docentes en la actualidad siguen recurriendo a la exposición y explicación de los temas matemáticos utilizando un lenguaje que el estudiante no entiende, y/o recurriendo a la práctica de rutinas para resolver problemas fuera de contexto; es decir, desconectados de la realidad de los estudiantes. Este tipo de práctica no proporciona desarrollo intelectual alguno.

Una característica de la problemática de la enseñanza del cálculo integral es el desequilibrio entre lo conceptual y lo algorítmico. La algoritmización en el cálculo de antiderivadas, integrales indefinidas y definidas ha sido utilizada en exceso, su aplicación en la resolución de problemas ha sido estereotipada y sin comprensión para el estudiante. El estudiante reduce el proceso a la evaluación de dicha integral por el teorema fundamental del cálculo. Ante esto, es claro que no basta dar la definición de un objeto matemático para comprenderlo y consecuentemente aplicarlo. (Muñoz, 2003).

La excesiva orientación algebraica en la enseñanza del cálculo con el consecuente demérito de la parte gráfica y geométrica, dan como resultado que los estudiantes no pueden dar su significado real a los procesos de derivación o integración. (Artigue, 2002, en Alanís 2011).

Las estructuras curriculares del cálculo integral se han reconstruido y ha sido posible retomar su estudio partiendo de la idea central del cálculo de áreas planas. Sin embargo no se ha explotado el recurso de identificar las distintas imágenes del concepto de integral que los estudiantes tienen. (Turégano, 1998).

Las dificultades en la formación de conceptos del cálculo surgen por la abstracción de éstos y por las ideas formales que los caracterizan matemáticamente –axiomas, teoremas. Aunado a esto, la conceptualización abstracta del cálculo rara vez se vincula con experiencias previas. Para subsanar estas dificultades, en la enseñanza del cálculo se debería dar a los estudiantes ejemplos en diferentes contextos – antes de definir, generalizar o demostrar. (Kleiner, 2000 en Alanis, Salinas y Pulido, 2011).

2.4. Los conocimientos previos en la resolución de problemas

Entre los conocimientos previos en el estudiante se encuentran los conocimientos matemáticos, en éstos se distinguen los métodos algorítmicos que especifican detalladamente un número finito de pasos que permiten llegar a la solución, y los procedimientos heurísticos, que posibilitan una búsqueda más rápida y sencilla de la solución, aunque no siempre llegar a ella.

A menudo se ha destacado el hecho de que el funcionamiento cognoscitivo humano es más heurístico que algorítmico, que nuestro sistema cognoscitivo se adapta mejor a los métodos rápidos –aunque sean inseguros- que a los que resultan lentos y pesados, aunque éstos conduzcan siempre a la solución. (García, 2002).

En la resolución de problemas es indudable que los conocimientos previos son necesarios. Sin embargo, pueden también favorecer a conductas posiblemente erróneas como el mecanicismo y la poca creatividad.

Relacionado a lo anterior, surgió el concepto "disposición" (*set*) denominado así por los psicólogos, la experiencia docente relata que ocurre cuando el alumno aplica mecánicamente un procedimiento complejo -algoritmo - y de difícil resolución, en un problema que tiene una solución mucho más sencilla y rápida. Este tipo de conductas tan generales en el mundo educativo se deben, entre otras razones, a una comprensión superficial, poco profunda del problema, es decir, no significativa. A esto, refiere García (2002) que lo único que el estudiante ha logrado es aprender procedimientos o fórmulas que utiliza mecánicamente -algoritmos.

Pero, la cualidad que se debe rescatar de los algoritmos es enfocarlos como procedimientos de enseñanza significativos para lograr la resolución de problemas. Sólo mediante una comprensión profunda del problema, a partir de los conceptos adquiridos significativamente en el aula, el alumno puede encontrar la estrategia adecuada para su resolución.

El proceso de solución de un problema, desde una perspectiva normativa permite enfrentarnos a diversos tipos de tareas cognitivas. Para lo cual se utilizan las cuatro fases propuestas por el matemático G. Polya (Polya, 1990 en García, 2002):

I. *Comprender el problema*, estableciendo cuál es la meta y los datos y condiciones de partida.
II. *Idear un plan de actuación* que permita llegar a la solución, conectando los datos con la meta.
III. *Llevar a cabo el plan* ideado previamente.
IV. *Mirar atrás* para comprobar el resultado y revisar el procedimiento utilizado.

Cabe mencionar que el trabajo de Pólya fue una síntesis de ideas que él tenía, pensamientos que sistematizó, no realizó investigación de campo con estudiantes propiamente. La trascendencia del trabajo de Pólya radica en hacer evidente la importancia de resolver problemas como medio de crear conocimiento en matemáticas y sus posibilidades en el aprendizaje de esta disciplina. Por tal motivo, para complementar nuestro contexto teórico en cuanto a la resolución de problemas, recurrimos a las investigaciones y experiencias con estudiantes y profesores en las que Schoenfeld (1985) les proponía problemas a resolver.

Este investigador matemático consideró entre otros factores, los conocimientos previos que ya tenían los estudiantes necesarios para poder afrontar su solución; y la formación previa que los profesores tenían para hacerlo. Al finalizar sus experimentos, Schoenfeld (1985) concluyó: cuando se tiene o se quiere trabajar con resolución de problemas como una estrategia didáctica hay que tener en cuenta situaciones más allá de las puras heurísticas; de lo contrario no funciona, no tanto porque las heurísticas no sirvan, sino porque hay que tomar en cuenta otros factores.

Barrantes (2006) considera que uno de los factores claves en la resolución de problemas son los conocimientos previos que posee el individuo, refiriéndose; entre otros, a conceptos, fórmulas, algoritmos, y, en general, a todas las nociones necesarias para saber enfrentarse a un determinado problema. Uno de los aspectos importantes es que el profesor debe estar claro sobre cuáles son las herramientas con las que cuenta el sujeto que aprende. Esto es así porque, si a la hora de resolver un determinado problema el individuo no cuenta con las herramientas necesarias para encontrar la solución, entonces, no va a funcionar.

Así mismo, el autor también expone que el uso de forma individual sin realizar pruebas de efectividad y pertinencia por parte del docente, donde no se toman en cuenta los conocimientos previos de los estudiantes, la resolución de problemas y el desarrollo de ejercicios extensos con poco énfasis en procesos de construcción de conceptos, análisis, argumentación y creación; son características que generan actitudes negativas, de pasividad y aburrimiento en los estudiantes dando como resultando baja eficiencia en el logro de los objetivos planteados en los programas educativos.

Sumado a esto, también se destaca la importancia de que el estudiante o la persona que está resolviendo el problema tenga una habilidad para monitorear y evaluar el proceso. Por lo que Schoenfeld señala el factor *control* sobre el conocimiento de sí mismo: la persona que está resolviendo el problema debe saber *qué* es capaz de hacer, con *qué* cuenta, o sea; conocerse en cuanto a la forma de reaccionar ante las situaciones problemáticas.

Algunas acciones que involucran el *control* son:

- Entendimiento: tener claridad acerca de lo que trata un problema antes de empezar a resolverlo. En esto Pólya hace, también, una y otra vez, la observación que si alguien no entiende un problema, no lo va a resolver, y si lo hace, es por casualidad.
- Consideración de varias formas posibles de solución y seleccionar una específica, o sea: hacer un diseño.
- Monitorear el proceso y decidir cuándo abandonar un camino no exitoso y tomar uno nuevo.
- Llevar a cabo ese diseño que hizo, estar dispuesto a cambiarlo en un momento oportuno.
- Revisar el proceso de resolución.

Algunas de las actividades que pueden desarrollar las habilidades de las personas para favorecer el control, de acuerdo a Barrantes (2006) son: tomar video durante las actividades de resolución de problemas con el fin de retroalimentar, hacer soluciones alternas donde intencionalmente se ejecuten soluciones erróneas, resolución de problemas modelo por parte del profesor, hacer uso de vocabulario matemático, hacer preguntas orientadoras y evaluar métodos sugeridos por los mismos estudiantes.

También propone actividades en equipo para promover el trabajo colaborativo para potenciar el desarrollo de habilidades matemáticas y, así, que cada uno pueda aprender sobre la forma en que los demás controlan su trabajo.

La combinación de los modelos para la resolución de problemas de Polya y Schoefeld, conforman un modelo apto para el tratamiento de resolución de problemas del cálculo integral en donde se emplea la integral definida para la determinación de áreas en el plano y volúmenes de sólidos en revolución, los cuales requieren la utilización de diferentes técnicas y métodos de integración. Sin dejar de considerar que las actividades en la resolución de problemas que proponga el docente deben ser significativas, y contextualizada a situaciones del mundo real.

2.5. Las tecnologías en la enseñanza

La resolución de problemas con aplicaciones de la integral contextualizadas en situaciones reales y cotidianas, permite la posibilidad del uso de nuevas herramientas matemáticas como las tecnológicas. Una situación matemática puede ser estudiada desde tres puntos de vista: algebraico, numérico o gráfico y, lo que resulta aún más importante desde una perspectiva cognitiva.

Dicha situación puede estudiarse integradamente desde los tres puntos de vista, abriendo así la posibilidad a un establecimiento de nuevas relaciones entre las representaciones y, por ende, a una mayor elaboración conceptual de los objetos matemáticos involucrados en la situación bajo estudio. (Colombia Aprende, 2014).

Torres (2001) refiere que los conceptos matemáticos se conciben como "objetos" sin que tengan una materialidad, son productos de la actividad del pensamiento que tienen una forma de exteriorizarse a través de símbolos y signos, siendo éstos, las representaciones y registros del concepto.

Un punto estratégico para la comprensión de las matemáticas, es el hecho de que quien aprende no debe confundir los objetos matemáticos con la representación que de ellos se hace. (Duval, 1993).

De igual manera, otras recomendaciones que surgen a partir de trabajos de investigación y que aplican en el estudio del cálculo integral es: utilizar la visualización con el apoyo de recursos tecnológicos que permiten dar significado al concepto de integral definida basado en la idea de área bajo la curva. (Turégano, 1994 en González-Martín 2006). Así mismo, Calvo (1997) en González-Martín, 2006, comenta que el uso de materiales visuales enriquece el esquema conceptual de la integral definida en el estudiante.

La importancia de las herramientas computacionales para la educación matemática está asociada a su capacidad para ofrecernos medios alternativos de expresión matemática, y a su capacidad para ofrecer formas innovadoras de manipulación de los objetos matemáticos.

Cuando se usa la tecnología en la escuela, hay que reconocer que no es la tecnología en sí misma el objeto central de nuestro interés, sino el pensamiento matemático que pueden desarrollar los estudiantes bajo la mediación de dicha tecnología. (Colombia Aprende, 2014).

En nuestro contexto educativo han estado presentes las herramientas tecnológicas desde hace algunos años; en contraste, su uso no ha sido del todo explotado, por no decir, aún no han sido implementadas en la enseñanza del cálculo integral.

También es cierto, de acuerdo a Astiz (2002) que en la actualidad los docentes han sido enfrentados a una nueva forma de enseñar que no coincide en nada con aquellas en las que fueron formados. La mayoría expresa que no hacen uso de ellas en la impartición de sus cátedras o manifiestan tener un gran temor hacia el uso de la tecnología en el aula y en general, por presión, asumen la situación adaptando estas herramientas a su manera tradicional de enseñar, no pudiendo modificar su rol dentro del proceso didáctico y como consecuencia, desaprovechando los aportes de la tecnología en la enseñanza.

Es necesario precisar, que el desconocimiento de existencia de materiales didácticos computarizados o el uso automatizado de los mismos pueden afectar negativamente en la enseñanza de las matemáticas cuando se recurre únicamente a procedimientos operativos de cálculo, dejando a un lado la riqueza del pensamiento matemático.

Sin embargo, desde la perspectiva de la didáctica de la matemática, las bondades de las tecnologías de la información y la comunicación (TIC) en el área del aprendizaje y la enseñanza de las matemáticas, aunado a la concepción del constructivismo como postura epistemológica en la que el alumno es responsable de su propio aprendizaje, se establece que la práctica pedagógica de los docentes debe ir en consonancia con los cambios curriculares, donde los roles y funciones de los profesores se ven modificados siguiendo los cambios sociales.

Por otra parte, una de las primeras posiciones que tomó la Organización de las Naciones Unidas para la Educación, la Ciencia y la Cultura (UNESCO por sus siglas en inglés), sobre la educación de calidad apareció en Learning to Be: The World of Education Today and Tomorrow, (Aprender a Ser: El mundo de la Educación del Hoy y el Mañana), en el informe de la Comisión Internacional sobre el Desarrollo de la Educación, sostiene que para alcanzar la calidad en la educación se puede abordar mediante una estrategia integral y sistemática. La educación y los métodos de capacitación del profesorado pueden tratarse con la incorporación de la función favorecedora de las TIC. (UNESCO, 2005).

La Organización de Estados Iberoamericanos (OEI) también promueve las iniciativas relacionadas con la integración de las TIC en la formación de docentes, mediante iniciativas para formular políticas de capacitación y creación de normas internacionales sobre las competencias que en materia de TIC deben adquirir los docentes. (OEI, 2013).

Las competencias que debe poseer el docente que usa las TIC para mejorar el proceso de enseñanza y facilitar el aprendizaje de las ciencias en general, y de las matemáticas en particular, aluden a la pedagogía, la colaboración y trabajo en red, aspectos sociales y aspectos técnicos. (Semenov, Pereversev y Bulin–Socolova, 2005 en Moreano, 20011).

2.6. Motivación en el aprendizaje significativo

Las situaciones de aprendizaje sustentadas en la resolución de problemas, se ven influenciadas por un elemento distintivo considerado de suma importancia en el aprendizaje significativo del estudiante, estamos haciendo referencia a la motivación en el aprendizaje.

La importancia de la significatividad del aprendizaje que se logra cuando la nueva información, pone en movimiento y en relación los conceptos ya existentes en la mente del que aprende, es decir, conceptos inclusivos o inclusores. (Ausubel, Novak y Hanesian, 1989 en Masachs, 2005).

Anteriormente, hemos mencionado la relevancia para que el aprendizaje resulte verdaderamente significativo en el estudiante, donde involucra los conocimientos previos que se activan ante nuevas situaciones problemáticas a resolver. A este tipo de aprendizaje, se le denomina "*actitud para el aprendizaje significativo*", que se trata de una disposición por parte del aprendiz para relacionar una tarea de aprendizaje sustancial y no arbitraria, con los aspectos relevantes de su propia estructura cognitiva. (Ausubel et al., 1989 en Masachs, 2005).

Baquero (1996) en Masachs (2005) sugiere que a este concepto puede unirse al de *motivación del aprendizaje*, es decir, la motivación se une durante el proceso de aprendizaje a la comprensión posible por parte del alumno de la "significatividad" de lo que se aprende. En otras palabras, el estudiante enlaza una actividad concreta con la apropiación de un objeto complejo o con la secuencia de las situaciones de enseñanza en relación al objetivo.

Para Kozéki (1985) en Masachs (2005) define en una visión compleja la motivación como la dosis de esfuerzo aplicada a diferentes actividades, que resulta de la relación entre los estilos cognitivos, afectivos y morales.

La investigación matemática ha relacionado la satisfacción que genera la resolución de los problemas, con la comprensión "clara y distinta" que crea confianza ante nuevas situaciones y que podría corresponderse con la complacencia del cumplimiento efectivo de cierta ansiedad, que trae aparejada en los alumnos la cuestión de hallar o no solución a los problemas matemáticos, ya que los mismos estimulan cierta amenaza potencial a su autoestima y plantean desafíos que llevan a considerar como "inteligentes" a quienes logran arribar a la solución. (Masachs, Camprubí y Naudi, 2005).

Mientras que para Ausubel la resolución de problemas es la forma de actividad o pensamiento dirigido en los que, tanto la representación cognoscitiva de la experiencia previa como los componentes de una situación problemática actual, son reorganizados, transformados o recombinados para lograr un objetivo diseñado; involucra la generación de estrategias que trasciende la mera aplicación de principios.

Tomando en cuenta las aportaciones de los autores citados –motivación en el aprendizaje significativo–, se debe tener especial cuidado en cómo se diseñan las actividades propuestas por el profesor. Éstas deben resultar potencialmente significativas al estudiante para esté en condiciones de hacerla suyas y realmente se motive.

El profesor debe analizar las características de las situaciones didácticas sobre las cuales puede actuar, y su elección afecta al tipo de estrategias de soluciones que pueden implementar los estudiantes, conocimientos requeridos, etc. Estas características suelen denominarse variables didácticas y pueden ser relativas al enunciado de los problemas o tareas, o también a la organización de la situación –trabajo individual, en grupo, etc.–. (Godino, Batanero y Font, 2003).

Por lo tanto, la motivación en el aula es un componente que no se debe dejar pasar. Las estrategias didácticas que implemente el profesor en la enseñanza del cálculo integral deben tomar en cuenta las causas que no favorecen la emotividad en el aprendizaje del estudiante.

Chacón (2000) menciona que la desmotivación del estudiante puede darse por causas diferentes:

- Cuando el profesor no estructura bien los contenidos que quiere enseñar.
- Cuando los materiales que ha escogido, como por ejemplo los libros de texto, no son claros –ejercicios y problemas confusos, mal graduados, rutinarios y repetitivos, errores de edición, etc.
- Cuando la presentación del tema que hace el profesor no es clara ni está bien organizada –no se le entiende cuando habla, habla demasiado rápido, la utilización de la pizarra es caótica, no pone suficiente énfasis en los conceptos clave del tema, etc.

Otros componentes que también resultan importantes son la empatía y la afectividad matemática. La afectividad matemática, maneja su propia dimensión afectiva, donde la parte emocional del sujeto que aprende se ve influenciada por creencias, actitudes, valores que pueden repercutir de manera favorable o no ante lo que se espera cuando se les plantea una situación matemática.

CAPÍTULO III

PROPUESTA DE INTERVENCIÓN

CAPÍTULO III

PROPUESTA DE INTERVENCIÓN

3.1. Propósito y Objetivos generales

Propósito

El propósito de este trabajo es el diseño secuencias didácticas didácticas que integraron la metodología de Polya–Schoeder para la resolución de problemas, la aplicación de los conocimientos previos del aprendiz necesarios para ello, la motivación de los estudiantes en el aprendizaje y el uso de las tecnologías de la Información y la comunicación (TIC) para visualizar, analizar, interpretar y valorar los resultados obtenidos en el proceso de enseñanza aprendizaje de cálculo integral a nivel superior.

Objetivos generales

El alumno va a:

- Utilizar los conocimientos previos en la resolución de problemas del cálculo integral donde tenga aplicación el concepto de la integral definida.
- Utilizar las diferentes técnicas y métodos de integración en el proceso de resolución de problemas del cálculo integral.
- Participar en actividades derivadas de técnicas didácticas que atienden la comunicación entre sus compañeros en el aula y en línea, así como para promover el trabajo colaborativo grupal.
- Participar en actividades derivadas de técnicas didácticas que atienden el fortalecimiento de habilidades –como atención, concentración, sistematización, planificación y flexibilidad de pensamiento– necesarias para el desarrollo de las actividades didácticas.
- Hacer uso de aplicaciones tecnológicas de comunicación e información para visualizar, presentar, comunicar ideas de manera eficiente y efectiva –textos, imágenes, videos, animación, preguntas y/o ejercicios.–

- Hacer uso de aplicaciones tecnológicas de comunicación e información para resolver problemas de ingeniería con programas de computación matemáticos, calculadoras electrónica disponibles en la red de comunicaciones.

3.2. Contenidos

El diseño de las secuencias didácticas se realizó en apego al programa homologado del tronco común de Ciencias de Ingeniería de la unidad de aprendizaje de Cálculo Integral del plan vigente de estudios 2009-2 de la UABC.

Esta unidad de aprendizaje comprende cuatro unidades donde se contemplan funciones algebraicas, trascendentes elementales y trigonométricas en la determinación de áreas y volúmenes de sólidos en revolución, también comprende la definición de antiderivada, propiedades y derivadas. Asimismo, se incluye el tema de las coordenadas polares para revisar las funciones más usuales en ese marco de referencia.

Para abordar los contenidos temáticos se siguió la planeación de la asignatura respetando el orden de secuencia de los temas. En la siguiente tabla se muestran los temas y subtemas considerados en las secuencias didácticas.

UNIDAD	Tema	Subtemas
1. ANTIDERIVACION, INTEGRAL DEFINIDA Y APLICACIONES	1.6. Area de una región en el plano.	1.6.1. Región bajo la curva. 1.6.2. Región entre dos funciones.
	1.7. Volumen de un sólido de revolución.	1.7.1. Método de discos. 1.7.2. Método de anillos. 1.7.2. Método de capas.
3. TECNICAS DE INTEGRACION	3.1. Integración por partes.	3.1.1. Integración por partes.
	3.2. Integración de potencias de funciones trigonométricas.	3.2.1. Potencia de seno y coseno. 3.2.2. Potencia de secante y tangente. 3.2.3. Potencia de cosecante y cotangente.
	3.3. Integración por sustitución trigonométrica.	3.3.1. Caso 1. $x = a sen\theta$ 3.3.2. Caso 2. $x = a tan\theta$ 3.3.3. Caso 3. $x = a sec\theta$
	3.4. Integración por fracciones parciales.	3.4.1. Caso 1. Factores lineales distintos. 3.4.2. Caso 2. Factores lineales repetidos. 3.4.3. Caso 3. Factores cuadráticos distintos. 3.4.4. Caso 4. Factores cuadráticos repetidos.
4. INTEGRALES IMPROPIAS. COORDENADAS POLARES.	4.5. Introducción a coordenadas y gráficas polares.	4.5.1. Coordenadas y gráficas polares. 4.5.2. Conversión a coordenadas rectangulares.

Fig. 6

3.3. Actividades de enseñanza aprendizaje

Las actividades de aprendizaje se planearon para una sesión de clases con duración de 50 minutos. Las sesiones están divididas en tres tiempos: Inicio, Desarrollo y Cierre.

El inicio propone actividades o técnicas didácticas que estimulen aspectos cognitivos y/o emocionales en el estudiante. El Desarrollo de las actividades didácticas se basa en la metodología de resolución de problemas donde tiene aplicación la integral definida para determinación de áreas en el plano y volúmenes de sólidos en revolución.

En la etapa del Cierre se hace repaso de las técnicas de integración utilizadas con los ejemplos vistos, los puntos clave y se pide reforzar el aprendizaje mediante actividades extraescolares y/o en los cierres generales de la unidad se proponen actividades grupales que también atienden el refuerzo y promueven el trabajo colaborativo y participativo.

La determinación del número de sesiones se hizo de acuerdo a la extensión de contenido de los temas y subtemas abordados de cada una de las unidades de la materia de Cálculo Integral especificadas en la figura 6.

Las secuencias didácticas fueron intervenidas en los momentos pertinentes respetando la planeación de la carta descriptiva de la materia. En total fueron 35 sesiones para el proyecto de intervención.

SECUENCIA DIDÁCTICA No. 1	
Asignatura: CÁLCULO INTEGRAL	**Grado: SEGUNDO SEMESTRE**
UNIDAD 1. ANTIDERIVACIÓN, INTEGRALES Y APLICACIONES	**Fechas de Aplicación:** **18 al 20 de septiembre de 2013**
Tema: Integral definida. Propiedades **Subtema: La integral definida como área de una región**	**Horas: 3**

Justificación del uso de los diferentes métodos para el cálculo de áreas de una región determinada.

Los alumnos que están cursando esta asignatura ya han resuelto integrales indefinidas de funciones algebraicas directas y utilizando la regla de potencias. También ha utilizado fórmulas geométricas para determinar áreas de diferentes polígonos. Este objeto de aprendizaje busca con la guía del docente, que los alumnos involucren procesos cognitivos para determinar áreas de una región determinada bajo la curva e intersectadas por los ejes de coordenadas o por otra función o por dos o más funciones.

Para llevar a cabo lo anterior, el docente expondrá como determinar el área de una región plana mediante por aproximación utilizando sumas superiores e inferiores para posteriormente hacerlo con la integral definida.

Con la guía del docente, los alumnos analizarán y llevarán a cabo el procedimiento para la determinación por aproximación de áreas de regiones planas.

Motivación: El docente utilizará la técnica dinámica "El muñeco" para atender la comunicación, fomentar la integración y estimular la empatía entre los miembro del grupo para posteriormente hacer la formación de dos equipos de trabajo con la técnica de la rejilla para cierre del tema.

Tecnología: El alumno utilizará aplicaciones interactivas en línea libres disponibles en internet para graficar aproximaciones de áreas de regiones planas.

OBJETIVO

Los alumnos serán capaces de interpretar geométricamente a la integral definida como un área, calcularán dicha área por aproximaciones utilizando sumas inferiores y superiores de manera analítica y con el uso de apoyos tecnológicos para resolver problemas cotidianos y de ingeniería, con una actitud participativa y colaborativa.

ACTIVIDADES PREVIAS DOCENTE
1. Material de la técnica dinámica "El muñeco". 2. Preparar actividades para los ejercicios a resolver en aplicaciones interactivas en línea. 3. Publicar los apuntes correspondientes al tema Aproximación del área de una región plana, así como los ejercicios que se van a resolver en el sitio educativo Blackboard.
ACTIVIDADES PREVIAS ALUMNOS
• Bajar e imprimir de la plataforma Blackboard apuntes publicados.
ACTIVIDADES DEL DOCENTE PARA EL INCIO DE LA SECUENCIA DIDÁCTICA
El profesor debe de tomar en cuenta que los alumnos cuentan con para resolver integrales indefinidas de funciones algebraicas directas y utilizando la regla de potencias, así como los conocimientos para el cálculo de áreas de diferentes polígonos con las fórmulas geométricas pertinentes.

MOMENTOS DE APRENDIZAJE	ACTIVIDADES DEL TEMA A ENSEÑAR EN LA SECUENCIA	RECURSOS DIDÁCTICOS	TIEMPO
INICIO	• El docente proporcionará las siluetas según corresponda a cada estudiante. Técnica dinámica "El muñeco". • Integración de equipos (rejilla) • Proyectar apuntes del tema.	Copias "El muñeco", Proyector de video, Labtop, Apuntes electrónicos, acceso a Red Inalámbrica, Pintarrón, plumones y borrador.	50 minutos
DESARROLLO	Primera Actividad Geometría Eucladiana	Proyector de video, Labtop, formularios,	5 minutos

	El docente explicará el Método de Exhaución con diferentes polígonos donde se aprecie la determinación de sus áreas. **Segunda Actividad** Utilizando el método de exhaución realiza el cálculo del área de los siguientes polígonos irregulares. **Tercera Actividad** El docente explicará el proceso de resolución de una integral definida mediante el siguiente ejemplo. Hallar la integral definida $\int_{-2}^{1} 2x\,dx$ ¿Cuáles son los límites de integración del área? ¿Cuál es el límite superior? ¿Cuál es el límite inferior? ¿Cómo queda expresada la integral que te permite determinar el área de la región? ¿Es una función algebraica, hay potencias? ¿Se puede resolver la integral aplicando la regla de potencias? Explica tu respuesta. Determina el resultado del área de la región plana. Escribir el resultado en unidades cúbicas (u^2).	Pintarrón, plumones, borrador, apuntes electrónicos, red Inalámbrica. Proyector de video, Labtop, formularios, Pintarrón, plumones, borrador, apuntes electrónicos, red Inalámbrica. Proyector de video, Labtop, formularios, Pintarrón, plumones, borrador, apuntes electrónicos, red Inalámbrica.	 5 minutos 20 minutos

	Cuarta Actividad Los alumnos resolverán los ejercicios con la ayuda del docente de forma individual. Realizar las gráficas de ambas funciones. a) $\int_1^2 4dx$ b) $\int_0^3 (x+2)dx$ Los alumnos resolverán la siguiente integral definida para determinar el área de una región en el plano, utilizando la definición de integral definida y comprobando el resultado por el método geométrico sin la guía del maestro. • Proponer a los alumnos que uno de ellos lo resuelva frente a grupo en el pintarrón. • El resto del grupo resolverán el ejercicio en parejas o ternas.	Proyector de video, Labtop, formularios, Pintarrón, plumones, borrador, apuntes electrónicos, red Inalámbrica.	20 minutos
	Quinta Actividad Los alumnos resolverán y evaluarán las siguientes integrales definidas de forma individual. a) $\int_1^3 (-x^2+4x-3)dx$ b) $-\int_1^3 x^2 dx =$ c) $\int_1^3 4x\ dx =$ d) $\int_1^2 (y^2-1)dy$ e) $\int_1^4 3\sqrt{t}\,dt$	Pintarrón, plumones, borrador, apuntes electrónicos.	30 minutos

	f) $\int_{0}^{\pi/4} \sec^2 x \, dx$		
CIERRE	**ACTIVIDADES FINALES RESOLUCIÓN DE PROBLEMAS UTILIZANDO TECNOLOGÍA.**	**RECURSOS DIDÁCTICOS**	**TIEMPO**
	a) El docente mostrará una aplicación interactiva para la aproximación de áreas de regiones planas disponibles en internet. **b) Los alumnos utilizarán la aplicación para observar y comprobar el cálculo de áreas por aproximación.**	**Proyector de video, Labtop, Apuntes electrónicos, Aplicación tecnológica de Pintarrón, plumones y borrador.**	**20 minutos**
	ACTIVIDAD DE CIERRE DE UNIDAD **Los alumnos resolverán por equipos una serie de ejercicios propuestos a manera de competencia.** 	**Ejercicios de integrales definidas.**	**Tiempo considerado junto con la secuencia de sólidos en revolución.**

EVIDENCIAS DE DESEMPEÑO

El alumno debe:

- Entregar por escrito en fecha acordada los ejercicios propuestos en el apartado de Tareas y Taller de la liga en la plataforma académica de Blackboard.

CIERRE	ACTIVIDADES FINALES RESOLUCIÓN DE PROBLEMAS UTILIZANDO TECNOLOGÍA.	MATERIALES DIDACTICOS	TIEMPO
	Primera Actividad • El docente mostrará el uso de una calculadoras graficadoras en línea disponibles en internet para comprobar resultados de los ejercicios realizados en las actividades anteriores.	Proyector de video,Labtop, Apuntes electrónicos, Graficadoras en línea, Internet,, Pintarrón, plumones y borrador.	25 minutos
	Segunda Actividad • Los alumnos utilizarán graficadoras en línea disponibles en internet para comprobar los resultados de las integrales trigonométricas realizadas en las actividades anteriores con la guía del maestro.	Proyector de video, Labtop, Apuntes electrónicos, Graficadoras en línea, Internet, Pintarrón, plumones y borrador.	25 minutos
	ACTIVIDAD DE CIERRE DE UNIDAD Se aplicó la técnica didáctica "Juego de Futbol" para cierre de unidad en donde se incluyeron los siete casos de funciones trigonométricas.	Porterías de cartón, Balón, Silbato, Tarjetas (Amarilla y Roja) y Preguntas del tema.	Tiempo a considerar en el cierre de unidad.

EVIDENCIAS DE DESEMPEÑO			
El alumno debe de entregar por escrito en la fecha acordada los ejercicios de integrales trigonométricas resueltos en clases; así como los ejercicios propuestos en el problemario publicados en Blackboard en la liga https://uabc.blackboard.com/bbcswebdav/pid-2455647-dt-content-rid-1681159_2/courses/20132_140_14006_111_0_20092_11216/Unidad%203.3-2013.pdf			

BIBLIOGRAFÍA

Stewart J. (2008). Cálculo de una variable, Trascendentes tempranas. Sexta edición. Cengage Learning

Leithold, L. (1998). El Cálculo. 7ma. Ed. Ed. Oxford. Tlanepantla, Edo. De México

Larson, R., Hostetler, R. y Edwards, B. (2006). Cálculo I. Octava edición. McGraw-Hill

Thomas. (2005). Cálculo una variable. Undécima edición. Pearson Addison Wesley.

UABC. (2010). Apuntes electrónicos de Cálculo Integral. Facultad de Ingeniería

3.4. Materiales de apoyo

En las secuencias didácticas se utilizaron artículos de papelería y herramientas tecnológicas que sirvieron de apoyo para llevar a cabo las actividades diseñadas para la resolución de problemas del cálculo integral y para los ejercicios propuestos en las técnicas didácticas descritas en cada una de las secuencias.

La papelería utilizada consistió en plumones y borradores para pintarrón, hojas, lápices, plumas, sobres manila tamaño media carta, papel constructivo en diferentes colores, pegamento, tijeras, tarugos, copias de ejercicios y formularios. Otros materiales de apoyo que sirvieron para enriquecer las actividades fueron un silbato, un balón de futbol y dos porterías de cartón, pentagramas, sobres en diferentes colores y reactivos que fungieron como "pistas".

Algunos de los materiales elaborados se muestran en las siguientes imágenes.

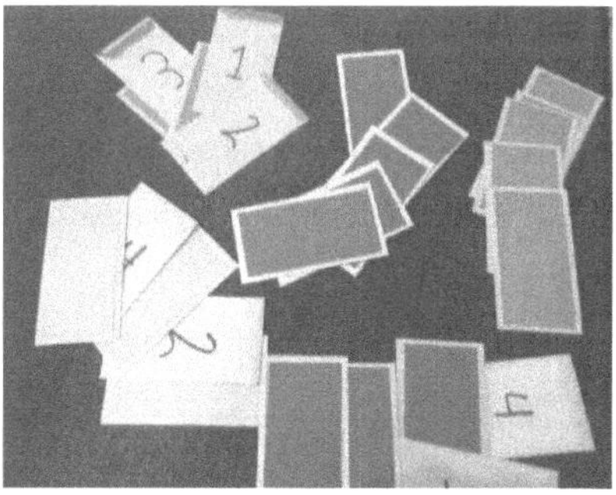

Dentro de las herramientas tecnológicas se requirió de un proyector de video, un control para el proyector, una labtop y una cámara fotográfica digital para uso del docente. Los estudiantes pudieron utilizar computadoras personales portátiles, calculadoras científicas y/o graficadoras, teléfonos celulares, ipad y tabletas electrónicas entre otras.

También se hizo uso de programas computacionales matemáticos como el emulador de la calculadora digital HP Prime y de la calculadora Casio (fx-82ES), los programas de manipulación Cabri 3D y Sketchpad. Además de otras herramientas matemáticas en línea como Wolframalpha, apuntes electrónicos publicados en las plataformas Blackboard, actividades didácticas publicadas en Edmodo y en Prínteres. Así como las herramientas de comunicación facebook, twitter y el portal del correo electrónico de la UABC.

3.5. Distribución de tiempos

Las intervenciones se llevaron a cabo durante el semestre 2013-2 que abarcó el período escolar del 19 de agosto al 6 de diciembre del mismo año. La distribución de los tiempos para la semana de encuadre del curso, del examen diagnóstico y de aplicación de las secuencias didácticas se desglosa en la siguiente tabla.

Semana	Secuencia Didáctica	No. de sesiones	Fecha
1	Encuadre del curso y examen diagnóstico	5	19 al 23 de agosto
5	Secuencia 1. La integral definida como área de una región.	3	18, 19 y 20 de septiembre
7	Secuencia 2. Volumen de un sólido en revolución.	5	30 de Septiembre, 1°, 2, 3 y 4 de octubre
9	Secuencia 3. Integración por partes.	3	14, 15 y 16 de octubre
9/10	Secuencia 4. Integración de potencias de funciones trigonométrica.	6	17,18 y del 21 al 24 de octubre
11/12	Secuencia 5. Integración por sustitución trigonométrica.	6	1° y del 4 al 8 de noviembre
13	Secuencia 6. Integración de Funciones Racionales por Fracciones Parciales: Casos I y II.	3	11 al 13 de noviembre
13/14	Secuencia 7. Integración de Funciones Racionales por Fracciones Parciales: Casos III y IV.	3	14,15 y 19 de noviembre
14/15	Secuencia 8. Coordenadas Polares y gráficas polares: Relación entre coordenadas polares y coordenadas cartesianas.	3	20 al 22 y 25 de noviembre
15	Secuencia 9. Coordenadas Polares y gráficas polares: Área de una región en coordenadas polares.	3	26 al 29 de noviembre

Tabla 6

CAPÍTULO IV

CONCLUSIONES

CAPÍTULO IV
CONCLUSIONES

4.1. Resultados de la intervención

Los resultados de la intervención se obtuvieron de la aplicación del examen diagnóstico, actividades didácticas y exámenes parciales, así como del mapa del humor que reflejó gráficamente los estados emocionales que vivió cada estudiante ante una situación matemática, así como de "*tests* socioafectivos" para generar diagramas solares que permitieron valorar el grado de cohesión, integración y comunicación entre los miembros participantes del grupo en la intervención.

4.1.1. Actividades didácticas y Examen diagnóstico

Los resultados de la intervención se obtuvieron de evaluaciones graduales con actividades y exámenes parciales en equipo e individuales que se hicieron durante los cierres de cada unidad. También se tomaron en cuenta las participaciones y las evidencias que entregaron cada uno de los estudiantes, algunas de las evidencias se encuentran en el Anexo 5.

Cuando se llevaron a cabo las actividades académicas, se tuvieron que realizar ejemplos y ejercicios de refuerzo en los puntos deficientes detectados inicialmente; además se hizo la valoración momentánea de la comprensión respecto a tales deficiencias, donde los estudiantes expresaron no tener dudas al respecto.

Sin embargo, cada vez que se les presentaron nuevas situaciones matemáticas, se tuvo que recurrir al repaso y al refuerzo, ya que los estudiantes volvían a mostrar incomprensión, aunque en menor grado en dichos puntos. Lo anterior, hace concluir que tales conocimientos siguen sin ser del todo permanentes; es decir, estos conocimientos no se han consolidado de forma definitiva, pero están en proceso de serlo.

En un segundo momento se volvió aplicar el mismo examen diagnóstico, los resultados mostraron una mejoría en comparación con los obtenidos en un inicio. En el primer diagnóstico de conocimientos el 58.62% de los alumnos se encontraban en un desempeño insuficiente (DI) y el segundo diagnóstico solo el 32.4 % se encontraron en ese nivel de desempeño.

El 9.7 % de ellos tienen un nivel de desempeño elemental (DE), inicialmente se encontraban en este nivel el 17.62%. El 39.81% se ubican en el nivel de desempeño bueno (DB), estos alumnos mejoraron en el manejo de características y propiedades de polinomios, además; y en la solución de derivadas de funciones trigonométricas y exponenciales. El 18.19% restante tienen un nivel de desempeño sobresaliente (DS).

Las acciones tomadas –refuerzo y repaso– fueron de gran apoyo para atacar las deficiencias cognitivas, pero éstas deben ser reutilizadas de forma recurrente ante nuevas situaciones didácticas hasta que se valore ya no sean necesarias. La evolución cognitiva que presentó cada uno de los estudiantes permitió valorar la mejoría en tales deficiencias, donde se reflejó una mejoría gradual y ascendente.

4.1.2. Mapa del humor

Los estudiantes realizaron una representación gráfica – mapa del humor – donde se reflejaron los estados emocionales que experimentaron al enfrentarse ante una situación matemática. El mapa del humor lo hicieron de forma simultánea junto con el ejercicio donde determinaron el área bajo la curva, aplicando la técnica de integración por sustitución trigonométrica. (Anexo 6).

El proceso de resolución del ejercicio se apegó a las etapas de la combinación del modelo Polya-Schoenfeld (1985) para la resolución de problemas. A continuación se describen los resultados de los gráficos realizados por los estudiantes.

Los resultados se reflejan con mayor concurrencia en el estado emocional de *Trabajando* en los momentos de **Entender y Configurar un plan** y el de *Curiosidad* en la etapa **Inicial** y la de **Entender el problema**, estas dos reacciones son positivas e influyen en la motivación a que el alumno tenga deseos de continuar la actividad. El porcentaje de alumnos refleja que solo el 30 % del grupo se ubica dentro de estos estados emocionales. El 26 % de los alumnos también manifestaron ubicarse emocionalmente *Estresados* desde el momento de **Configurar un plan** hasta el momento **Final** del proceso para la solución del problema. Sin embargo el 30 % del grupo se mantuvo *Trabajando* en el momento de **Configurar el plan**.

El otro estado emocional mayormente señalado también fue el de *Bloqueado* principalmente en los momentos de **Ejecutar el plan** con un 39 % del total del grupo y en el **Final** con 35 % de los alumnos. Los porcentajes anteriormente desglosados coinciden con los resultados de la evaluación cuantitativa obtenidos, ya que solo el 26 % del grupo llegó a la solución parcial o total del problema, coincidiendo también con las respuestas de satisfacción e insatisfacción de los alumnos al momento de la culminación de la actividad.

Además, las respuestas facilitadas a las preguntas del instrumento gráfico emocional, permitieron ver que el 52 % de los estudiantes respondieron afirmativamente, consideran que este tipo de problemas les sirve en su vida diaria. A la vez, las respuestas también reflejaron las habilidades cognitivas y metacognitivas que tuvieron los estudiantes en cada uno de los momentos de la actividad matemática. (Anexos 6 y 7).

El segundo instrumento de evaluación emocional que realizaron los estudiantes fue de respuestas a una pregunta de opción múltiple y a tres preguntas abiertas. (Anexo 6 y 7). Los resultados obtenidos con este instrumento fueron los siguientes:

A la pregunta ***1. ¿Cómo te sientes después de acabar el problema?*** *1* alumno respondió *Satisfecho*, *9 Insatisfecho* y *13 Muy Insatisfecho*.

A la pregunta ***2. ¿Por qué te sientes así?*** Describieron razones de falta de tiempo, falta de práctica, por no comprender el problema y falta de conocimiento de la técnica de integración para resolución del problema.

A la pregunta ***3. Lo que has aprendido de este problema, ¿te sirve para tu vida diaria?*** 3 alumnos respondieron no estar seguros, otros 8 aseguran que no les es de utilidad y los otros 12 restantes respondieron afirmativamente.

A la pregunta ***4. ¿Puedes aportar sugerencias para completar esta actividad?*** A esta pregunta 4 alumnos no contestaron nada, 15 la consideran completa, 2 sugirieron que se explicara más a detalle cómo realizar el gráfico emocional y avisar con anticipación que se va aplicar este tipo de actividades; además, concluyeron que les sirvió para evaluar su conocimiento del tema y los otros 2 alumnos restantes, sugirieron más actividades de agilidad mental como la *"Los jinetes"*.

4.1.3. **Sociogramas**

Las características más relevantes que arrojaron los dos diagramas solares en el aspecto socioemocional describen principalmente la división en pequeños grupos. En el primer diagrama solar se forman seis de estos subgrupos que los integran 19 alumnos del total de los 35 inscritos en el grupo de Cálculo Integral y en el segundo diagrama se forman cinco subgrupos conformados por 13 de los alumnos del grupo, aclarando que la cuando se realizó en la segunda evaluación sociométrica (*test sociométrico*) en la lista oficial de alumnos inscritos ahora son 31 alumnos, pero regularmente asisten solo 29 de ellos.

Cabe señalar que en el diagrama 1 la cantidad de subgrupos es mayor que en el diagrama 2. Los subgrupos en el primer diagrama tienen mayor número de miembros que en el segundo diagrama. En esta característica resalta también que uno de los subgrupos para ambos diagramas se mantiene con los mismos integrantes (17, 20, 21, 30) salvo por el alumno identificado con el número 30 que no aparece en el segundo diagrama solar; esto, debido a que no selecciona a ninguno de los elementos de este subgrupo. Además en este mismo subgrupo es donde destaca la única líder que resulta solo en el primer diagrama señalado en la parte superior de este análisis.

La interacción social entre los miembros del grupo en el primer diagrama refleja que es dispersa y que la comunicación solo fluye entre los integrantes de los subgrupos. En cuanto al segundo diagrama la cohesión tiende a ser menos dispersa que en el primer diagrama y la comunicación fluye entre los miembros de los subgrupos y con los demás alumnos del grupo. En el nivel de aislamiento, los diagramas solares concentran 16 alumnos para el diagrama 1 y 24 alumnos en este mismo nivel para el diagrama 2.

En general, puedo deducir con respecto al cambio de posición que sufrieron algunos miembros del grupo entre el primer y segundo diagrama solar, se debe a la convivencia diaria que han tenido. Ésta les ha permitido conocerse mejor entre ellos y estrechar las relaciones interpersonales. De tal modo que, los alumnos que habían seleccionado a un compañero conocido en etapas anteriores de su vida escolar, ahora expresan que pueden convivir y colaborar en trabajo de equipo con cualquiera de sus compañeros, consideran que en general todos son buenos compañeros y son compatibles con todos, no excluyen a ninguno de sus compañeros.

Se considera también, que el grupo evolucionó de la etapa de formación a la etapa de adaptación; ya que los alumnos intercambian experiencias, opinan y externan sus emociones ante situaciones que se presentan dentro del aula. Además, se manifiesta cierta resistencia al cambio frente a actividades escolares propuestas que difieren de las que tienen contextualizadas para un ambiente escolar al que están acostumbrados (tradicional).

Más sin embargo, después de realizadas dichas actividades, la mayoría de los estudiantes manifestaron sus deseos de efectuar más actividades didácticas de este tipo; – ejercicios de gimnasia cerebral, pentagramas, etc. – y de trabajar en equipo donde el docente involucre técnicas didácticas que despierten su interés y les permita externar sus emociones y a la vez favorecer su aprendizaje en temas de cálculo integral.

4.2. Resultados de la evaluación de los estudiantes al instructor

Los resultados considerados en este sub-apartado fueron tomados de los comentarios hechos por los estudiantes durante la intervención y del *Sistema de Evaluación Docente en Opinión de los Alumnos* de la UABC.

Durante la semana del diagnóstico y encuadre del curso se les informó a los estudiantes que formaban parte de un proyecto de intervención educativa. Así mismo, fueron enterados de las actividades a realizar durante las sesiones de la intervención. Aun así, algunos alumnos hicieron comentarios donde expresaban sentirse un poco incómodos y extrañados con las técnicas didácticas utilizadas. Comentaron no estar acostumbrados e inclusive se mostraron renuentes ante nuevas las formas de evaluación propuestas.

Con respecto a las técnicas didácticas de motivación y estimulación de ciertas habilidades cognitivas, los estudiantes expresaron gusto al realizarlas, se sintieron cómodos y curiosos ante los retos. Cabe mencionar, que hubo ocasiones que los alumnos solicitaron más y nuevos ejercicios de este tipo cuando se intervinieron secuencias didácticas donde no se contemplaron. Lo cual dejó ver claramente que surgió motivación de forma positiva y la actitud general del grupo fue mayormente participativa, atenta y con apertura al aprendizaje.

En las actividades por equipo que se llevaron a cabo en los cierre de cada unidad, algunos de los estudiantes manifestaron inconformidad con las puntuaciones obtenidas. Estas situaciones se comprenden, ya que fueron hechas por integrantes de los equipos "perdedores". Se les explicó que la intención de la técnica didáctica empleada valoró el trabajo colaborativo y de equipo, así como el desarrollo del proceso de resolución. Lo anterior hace considerar que se deben implementar mayormente las actividades en equipo y trabajar del mismo modo valores como la madurez, el compañerismo, la paciencia y aspectos que favorezcan precisamente el trabajo colaborativo.

Con respecto a los resultados generados por el *Sistema de Evaluación Docente en Opinión de los Alumnos* de la UABC, se tomaron en cuenta la evaluación teórica y la evaluación práctica que se hacen para la asignatura Cálculo Integral y Taller de Cálculo Integral. Del total de la muestra –35 alumnos–, estas evaluaciones la presentaron 26 y 21 alumnos respectivamente.

Se consideró tomar en cuenta los resultados de ambas evaluaciones ya que la realizaron la mayoría de los alumnos participantes en la intervención y porque se valoran aspectos importantes sobre el desempeño del docente. (Anexo 7).

Los resultados de la Valoración global dada por los estudiantes al docente es de 8.26 y la evaluación general del cuestionario es de 77.206 –ubicando al docente en un nivel MEDIO– para la clase de tipo Teórico (comprende únicamente 2 horas clase a la semana) y de 8.19 y 80.143 –ubicando al docente en un nivel ALTO– respectivamente en las mismas valoraciones para clase de tipo Práctica (con impartición de 3 horas clase por semana).

La evaluación al docente considera tres dimensiones: *Planeación y gestión del proceso de enseñanza – aprendizaje*, *Interacción didáctica* y *Valoración del proceso de enseñanza – aprendizaje* para la clase de tipo Teórica y una cuarta dimensión *Tecnologías de la Información y la Comunicación* solo para la clase de tipo Práctica.

Cabe destacar que preguntas específicas del cuestionario de la evaluación docente como: "Explica con claridad los procedimientos de la práctica", "Resuelve dudas o problemas que surgen en la práctica" "Atiende los comentarios y sugerencias de los alumnos", "Supervisa con atención el trabajo de los estudiantes", "Motiva a los estudiantes durante el desarrollo de la práctica" arrojaron porcentajes que oscilan entre el 42.32 % y 50% con respuestas de "siempre" por parte de los alumnos.

Así como "Selecciona y utiliza adecuadamente los materiales de la práctica", "Relaciona el contenido de la práctica con situaciones del ámbito profesional", "Pone en operación actividades en el aula que facilitan el aprendizaje de los contenidos" en donde los resultados van por arriba del 60% o 70% sumando respuestas de "siempre" y "casi siempre".

Por otra parte, los alumnos respondieron a preguntas que evalúan la dimensión de *Evaluación y comunicación del proceso de enseñanza y aprendizaje*; que incluye preguntas como: "Sus exposiciones se caracterizan por tener un inicio, desarrollo y conclusión", "Realiza evaluaciones para retroalimentar sobre las dificultades de aprendizaje", "La evaluación final fue coherente con los contenidos y actividades del curso"; entre otras; entre el 70 y 80% de los estudiantes contestaron que el docente cumplió con estas acciones "siempre" y "casi siempre".

Sin embargo, para la dimensión *Tecnologías de la Información y la Comunicación* que se hace únicamente para la clase de tipo teórica la evaluación para el docente estuvo en el nivel BAJO. Los puntos valorados fueron "Utiliza diversos recursos didácticos en clase (por ejemplo presentaciones en computadora, videos, fotos, diagramas, etc.)" e "Incorpora en sus clases el uso de la tecnología de la información y la comunicación (por ej. Internet)."

4.3. Autoevaluación

El diseño de situaciones didácticas de cálculo integral no fue fácil de lograr, sin embargo estoy convencida que la implementación de elementos como los conocimientos previos, la tecnología y la motivación en la resolución de problemas hizo que los estudiantes lograran comprender las ideas planteadas en cada una de las actividades de las secuencias didácticas.

Tampoco fue fácil evaluar en un segundo momento las deficiencias individuales diagnosticadas en un inicio; ya que los conocimientos que deben traer consigo los estudiantes –en los ejes centrales matemáticos de aritmética, álgebra, geometría y en la materia de cálculo diferencial– se consideran como parte del proceso en la resolución de problemas donde tiene la aplicación la integral definida en la determinación de áreas en el plano y volúmenes de sólidos en revolución.

Con respecto, a los resultados de la evaluación diagnóstica al docente en la cuarta dimensión *Tecnologías de la Información y la Comunicación* para la clase de tipo teórica, hace concluir que en las dos horas clase que se tienen por semana se debió hacer mayor énfasis que las plataformas de Blackboard y Edmodo son TIC.

Al parecer, los estudiantes percibieron únicamente las herramientas matemáticas como las calculadoras virtuales y aplicaciones de Wolframalpha y/o los programas iteractivos para el cálculo y comprobación de resultados de los problemas planteados en las situaciones didácticas como TIC.

BIBLIOGRAFÍA

ADS. Agenda del Desarrollo Social. (2014). Panorama estadístico de la educación en México. Disponible en: http://www.agendadeldesarrollosocial.com/index.php?option=com_content&view=article&id=523:panorama-estadistico-de-la-educacion-en-mexico&catid=:informe

American Psychological Association. (2014). APA Style. Disponible en: http://www.apastyle.org/learn/index.aspx

Astiz, M., Medina, P., Vecino, M., Vilanova, S., Rocerau, M., Oliver, G. y Valdez. (2002). Las nuevas tecnologías: ¿son incorporadas en la enseñanza de la matemática? Acta latinoamericana de matemática educativa. Disponible en http://www.clame.org.mx/documentos/alme15_2.pdf

Alanís J. A., Rodríguez, E. y Soto A. (2011). La integral de funciones de una variable: Enseñanza actual. Disponible en: http://mattec.matedu.cinvestav.mx/el_calculo/data/docs/Alanis-Soto-9-14.pdf

Alanís J. A., Salinas P. y Pulido R. (2011). Cálculo de una variable. Reconstrucción para el aprendizaje y la enseñanza. Disponible en: http://www.uia.mx/web/files/didac/56-57.pdf

Aparicio, E., Ávila, E. (2006). Un estudio de las dificultades que presentan estudiantes universitarios en el área de cálculo. Memoria electrónica del V encuentro de investigación educativa. Disponible en: http://www.clame.org.mx/documentos/alme20.pdf

Artigue, M., Douady R. Moreno L. (1995). Ingeniería didáctica en educación matemática. Disponible en: http://funes.uniandes.edu.co/676/1/Artigueetal195.pdf

Balacheff, N. (1990). Future perspectives for research in the psychology of mathematics education. En: P. Nesher & J. Kilpatrick (Eds), Mathematics and cognition. Cambridge: Cambridge University Press. Disponible en: https://www.sensepublishers.com/media/457-handbook-of-research-on-the-psychology-of-mathematics-educationa.pdf

Barrantes J. (2006). Cuadernos de investigación y formación en educación matemática, resolución de problemas. El Trabajo de Allan Schoenfeld. Disponible en: http://revistas.ucr.ac.cr/index.php/cifem/article/download/6971/6657

Brousseau, G. (1986). Fundamentos y métodos de la didáctica de las matemáticas. Disponible en: http://www.fractus.uson.mx/Papers/Brousseau/FundamentosBrousseau.pdf

Cantoral* R. R. y Farfan**R. M. (2003). Revista educación y pedagogía VOL. XVNo.35. Disponible en: http://aprendeenlinea.udea.edu.co/revistas/index.php/revistaeyp/article/viewFile/5953/5363

Castañeda-Figueiras, S. (2012). Educación, aprendizaje y cognición. Disponible en: http://riem.facmed.unam.mx/.../06_AR_EL_APRENDIZAJE_COMPLEJO.PDF

Castillo, S. (2008). Propuesta pedagógica basada en el constructivismo para el uso óptimo de las tic en la enseñanza y el aprendizaje de la matemática. Disponible en: http://www.scielo.org.mx/scielo.php?pid=S1665-24362008000200002...

CLAME (2012). Construcción del esquema mental para la apropiación del concepto de la integral Karla Liliana Puga Nathal, Eduardo Miranda Montoya Disponible en: http://www.clame.org.mx/documentos/alme25.pdf

CLAME (2012). La gestión metacognitiva en el proceso de resolución de problemas de optimización y su relación con la competencia del resolutor. Disponible en: http://www.clame.org.mx/documentos/alme25.pdf

Colombia Aprende. (2014). Referentes sobre Uso Didáctico de Tecnologías Computacionales. Disponible en: http://www.colombiaaprende.edu.co/html/docentes/1596/article-70251.html

De la Rosa N. A. (2003). Errores e inconsistencias en la enseñanza del concepto de función en el docente: el grado de visualización. Disponible en: http://semana.mat.uson.mx/MemoriasXVII/XIII/adrian.pdf

ENLACE. (2013). Disponible en: http://www.enlace.sep.gob.mx/ms/estadisticas_de_resultados/

EXHCOBA (2011). Examen de Habilidades y Conocimientos Básicos de Disponible en: http://www.exhcoba.mx/index.html

Fermoso, P. (1981). Teoría de la educación. Editorial Trillas. Disponible en: http://books.google.com.mx/books/about/Teor%C3%ADa_de_la_educaci%C3%B3n.html?id=iVwQAAAAYAAJ&redir_esc=y

García, J. A. (2002). El proceso de resolución de problemas. La resolución de problemas en matemáticas: Claves para la innovación educativa 12. Editorial Laboratorio Educativo Graó. Caracas, Venezuela. Disponible en: http://www.scielo.org.ve/scielo.php?script=sci_arttext&pid=S1010...

Gil, D., y Guzmán, M. (1993). Organización de Estados Iberoamericanos para la Educación, la Ciencia y la Cultura. Disponible en: http://www.oei.org.co/oeivirt/ciencias.pdf

Godino, J.D., Batanero, C. y Font, V. (2003). Fundamentos de la enseñanza y el aprendizaje de las matemáticas para maestros. Universidad de Granada p.76. Disponible en: http://www.ugr.es/~jgodino/edumat-mestros/manual/1_Fundamentos.pdf

Gómez-Chacón, I. M. (2000). Matemática emocional. Los afectos en el aprendizaje matemático. Madrid: Narcea. Disponible en: http://www.revistaeducacion.mec.es/re340/re340_20.pdf

González-Martín A.S. (2006) La generalización de la integral definida desde las perspectivas numérica, gráfica y simbólica utilizando entornos informáticos. Problemas de enseñanza y de aprendizaje. Disponible en: ftp://tesis.bbtk.ull.es/ccppytec/cp257.pdf

INEE. (2011). Instituto nacional para la evaluación de la educación. México en la prueba PISA2009. Disponible en: http://www.pisa.sep.gob.mx/DocsDescarga/Conferencia_INEE.pdf

INNE. (2013). Instituto nacional para la evaluación de la educación. Disponible en: http://www.inee.edu.mx/index.php/bases-de-datos/bases-de-datos-pisa

Instituto de Innovación Educativa. (2013). Informe del progreso educativo en México 2008-2013. Tecnológico de Monterrey. Disponible en: http://micampus.csf.itesm.mx/index.php/component/content/article/106

Larrazolo, N., Backhoff, E. y Tirado, F. (2013). Habilidades de razonamiento matemático de estudiantes de educación media superior en México. Revista Mexicana de Investigación Educativa, 18 (59), 1145-1156. Disponible en http://www.redalyc.org/pdf/140/14028945006.pdf

López, H. F. (2009). ¿QUÉ ES MATEMÁTICA EDUCATIVA? Disponible en http://semana.mat.uson.mx/MemoriasXVII/XIII/adrian.pdf

Lupiáñez, J. L. (¿?). Objetivos y fines de la educación matemática. Capacidades y competencias matemáticas. Disponible en: http://cumbia.ath.cx:591/pna/Archivos/LupiannezJ05-2799.PDF

Luna, E. (Coord.). Aportaciones de la investigación a la evaluación de estudiantes y docentes. Editorial Porrúa. Ensenada B.C. México. Disponible en: http://iide.ens.uabc.mx/blogs/jcaso/

Moreano B. S.F. (2011). Realidad de la práctica pedagógica y curricular en la educación ecuatoriana en los centros educativos: "Numa Pompillo Llona" y colegio "Marco Aurelio Subia" de la ciudad de Latacunga, provincia de Cotopaxi. Disponible en: http://dspace.utpl.edu.ec/bitstream/123456789/4666/1/Tesis_Segundo_Moreano.pdf

Muñoz, G. (2003). Génesis didáctica del cálculo integral: el caso de la relación entre lo conceptual y lo algorítmico. Acta Latinoamericana de Matemática Educativa. Disponible en: http://www.clame.org.mx/documentos/alme%2016_2.pdf

Observatorio Académico Universitario. (2012). La educación superior en México 2006-2012 Un balance inicial. Disponible en: http://red-academica.net/observatorio-academico/2012/10/03/la-educacion-superior-en-mexico-2006-2012-un-balance-inicial/#sthash.FpyqeAEv.dpuf

OCDE. (2010). Mejorar las Escuelas: Estrategias para la Acción en México. Disponible en: http://www.dgespe.sep.gob.mx/.../Mejorar%20escuelas%20estrategias%20Méxi...

OCDE (2013). Programa para la Evaluación Internacional de Alumnos. Disponible en: http://www.oecd.org/pisa/keyfindings/PISA-2012-results-mexico-ESP.pdf

OCDE. (2010). Mckinizie Report, 2008. "How the World's Best Performing School Systems Come Out on Top". Mejorar las Escuelas: Estrategias para la Acción en México.

OEI. (2013). Desarrollo profesional docente y mejora de la educación. Disponible en: http://www.oei.es/publicaciones/InformeMiradas2013.pdf

Martínez, R. y Castañeda (2004). Educación, aprendizaje y cognición. Disponible en:http://riem.facmed.unam.mx/sites/all/archivos/V1Num03/06_AR_EL_APRENDIZAJE_COMPLEJO.PDF

Masachs, A. M. - Camprubí, G. E. y Naudi, M. (2005). El aprendizaje significativo en la resolución de problemas matemáticos. Disponible en: http://www.unne.edu.ar/unnevieja/Web/cyt/com2005/9-Educacion/D-013.pdf

Mourshed, M. (2010). How the world's best performing school systems come out on top. Disponible en http://www.smhc-cpre.org/.../2008/.../how-the-worlds-best

Murillo, F. J. (2007). Resultados de aprendizaje en américa latina a partir de las evaluaciones nacionales. UNESCO/OREALC. Disponible en: http://unesdoc.unesco.org/images/0015/001555/155567s.pdf

Newsweek. (2014). La educación en México: Diagnóstico 2013. Disponible en: http://www.newsweek.mx/index.php/articulo/7037#.UzvEkvldVaA

Nieto, S. N., Viramontes, M. J. y López H, F. (2009) CULCYT/Educación Matemática. ¿Qué es matemática educativa? Disponible en: http://www2.uacj.mx/IIT/CULCYT/noviembre-diciembre2009/5%20Artículo%202%20Rev%2035.pdf

Pensamiento del Cálculo Integral. (2009). PE DBG. Disponible en: http://integralcbt.wikispaces.com/file/view/PENSAMIENTO+DEL+C%C3%81LCULO+INTEGRAL.pdf

Reyes, D. (2010). Reflexiones acerca del aula actual, como desafío para el profesor de matemática. Premisa, 12 (44), 44-50. Disponible en http://www.soarem.org.ar/Documentos/44%20Reyes.pdf

SEP. Educación Media Superior, ENLACE 2013. Disponible en: http://www.enlace.sep.gob.mx/ms

Schoenfeld, A.(1985).MathematicalProblemSolving.Orlando,USA:AcademicPress Disponible en http://www.matedu.cicata.ipn.mx/documentos/alme/alme21.pdf

UNESCO (2005): EFA Global Monitoring Report. UNESCO, Paris pp. 30-37 Disponible en: http://www.unesco.org/education/gmr_download/chapter1.pdf

UNICEF. (2013). Educación Básica e Igualdad entre los Géneros. Calidad Educativa. Disponible en: http://www.oei.es/docentes/articulos/reformas_educativas_dpcentes_organizaciones_docentes_AL_torres.pdf

Torres, R.M. (2000). Reformas Educativas, Docentes y Organizaciones Docentes en América Latina y el Caribe. En Los docentes protagonistas del cambio educativo. Bogotá: CAB/Editorial Magisterio Nacional. Disponible en http://www.oei.es/docentes/.../reformas_educativas_dpcentes_organizaciones_d

Zaldívar, R. J., (2006). Un estudio sobre elementos para el diseño de actividades didácticas en Cálculo. Disponible en: http://www.matematicas.uady.mx/dme/docs/tesis/Tesis_DavidZaldivar.pdf

Stroup, W.M. (2002). Understanding Qualitative Calculus: Astructural synthesis of learning research. International Journal of Computers for Mathematics Learning 7, Disponible en: http://www.editlib.org/p/96048/

Turégano M. P. (1998). Del área a la integral, un estudio en el contexto educativo. Disponible en: http://ddd.uab.cat/pub/edlc/02124521v16n2p233.pdf

UNESCO (2013). Disponible en: http://www.academia.edu/6399490/TIC_y_Pedagogia_Virtual_en_las_Politicas_de_Formacion_Docente_Centroamerica_y_Republica_Dominicana

ANEXOS

Semana de evaluación diagnóstica y Encuadre del curso de Cálculo Integral	Semestre 2013-2
Fecha de realización: 19 al 23 de agosto de 2013	Grupo: 111

OBSERVACIONES:

El primer día de clases me presenté ante el grupo, acto seguido se aplicó la técnica didáctica "La telaraña" con la intención de que cada uno de los alumnos se presentara ante el grupo. En un principio se mostraron extrañados, serios pero participativos. Conforme fue avanzando la actividad se fue abriendo el hermetismo y se creó un ambiente ameno y divertido. Después se procedió hacer la presentación de las competencias del curso y de forma general contenidos a cubrir y su importancia.

En la segunda sesión se realizó a detalle el encuadre, donde se contemplaron los acuerdos grupales y los criterios de evaluación apegados a los estatutos del reglamento institucional de la UABC. Se hizo firma del formato de acuerdos por un representante del grupo, del profesor y del responsable del programa educativo. Los alumnos se mostraron con cierto desenfado ante la exposición. Algunos expresaron que es prácticamente lo mismo en todas las materias y les resultó tedioso.

En la siguiente sesión se aplicó un examen diagnóstico, donde se evaluaron los conocimientos previos mínimos que debe tener el alumno en las asignaturas de Álgebra Lineal y Cálculo Diferencial que cursó en primer semestre y que son requisito para poder cursar la materia de Cálculo Integral. Así mismo, conocimientos en los ejes centrales de aritmética, álgebra básica, y geometría que debieron ser adquiridos en su formación media y media superior.

Al día siguiente, se resolvieron frente a pizarrón los ejercicios por ellos mismos y a la vez se hizo la revisión de las evaluaciones de forma colaborativa entre los mismos alumnos. Esta actividad permitió hacer repaso y reforzar los temas evaluados, obtener los resultados del diagnóstico de los conocimientos actuales de los estudiantes desde la perspectiva del profesor y por parte de los alumnos, una autoevaluación. La evaluación permitió detectar las áreas donde tuvieron deficiencias cognitivas. La descripción de la evaluación se encuentra en el ítem *Resultados del diagnóstico a la luz de los saberes matemáticos* del segundo capítulo de este documento.

Durante esta sesión también se aplicó una encuesta que proporcionó información sobre aspectos de las relaciones personales entre los estudiantes para realizar actividades de entretenimiento y de la vida escolar. Este grupo se integró por alumnos que están en etapa de formación básica y tienen la característica de pertenecer a diferentes programas de estudio.

Esta situación se reflejó en los resultados de la encuesta, ya que estudiantes que van a la misma carrera formaron subgrupos para compartir actividades sociales y escolares –algunos de conocen desde el semestre anterior. Sin embargo, en los resultados también se destacó el hecho que la mayoría de los estudiantes estaban en disposición para trabajar con cualquiera de sus otros compañeros aunque no los conocieran. Se hace una descripción gráfica en el ítem *Sociogramas* del segundo capítulo de este documento.

En la siguiente sesión se realizaron otros ejercicios donde se aplicaron diferentes técnicas de derivación para continuar con el refuerzo de estos temas necesarios para iniciar el curso de cálculo integral. Además, se aplicó una encuesta socioeconómica que permitió recabar información relativa al contexto social y económico general de los integrantes del grupo de intervención. Los detalles se incluyen en el ítem *Descripción de la muestra* del mismo apartado.

Las secuencias didácticas utilizadas en el proyecto de intervención se aplicaron en diferentes fechas del periodo escolar 2013-2 a partir del 18 de septiembre del mismo año.

En la aplicación del primer parcial (21 de agosto), se evaluaron nuevamente los temas incluidos en el examen diagnóstico a través de resolución de ejercicios de integración. Los resultados denotaron una mejoría en el aprendizaje de derivadas y sus técnicas, mas no fueron suficientes para obtener calificaciones aprobatorias en este parcial, lo que indicó que los nuevos temas –técnicas de integración– aún no son dominados, pero estos están fuera del objetivo de nuestro diagnóstico.

Secuencia #1	**La integral definida como área de una región**
Fechas de aplicación:	**18, 19 y 20 de Septiembre de 2013**

OBSERVACIONES:

Al inicio de la sesión de clases, se aplicó la técnica dinámica "El muñeco". Los alumnos se mostraron extrañados y cierta apatía a la actividad. Sin embargo, conforme fueron externando lo que cada quien había escrito en las extremidades del muñeco se hizo notoria ciertas afinidades entre los gustos personales. La actividad propició un ambiente de confianza y camaradería. Los alumnos se mostraron divertidos e interesados con el ejercicio propiciando un ambiente de confianza y confort. Después se procedió a formar equipos dos equipos, con la técnica de "la rejilla". Los equipos fueron integrados de acuerdo a las afinidades que tuvieron con "el muñeco". Los alumnos se apegaron a las instrucciones y colaboraron en ambas técnicas y se divirtieron. La finalidad de la integración de los equipos, se hizo para realizar una actividad de cierre de tema de la unidad.

Se les pidió a los estudiantes que imprimieran los apuntes de la unidad publicados en la plataforma de Blackboard. Solo 5 estudiantes los imprimieron. Durante la exposición histórica sobre el cálculo de áreas en el plano, los alumnos se mostraron interesados y participativos. Se detectaron problemas al momento de recordar fórmulas de áreas de polígonos regulares. Cabe señalar, que las fórmulas para determinación de áreas son conocimientos que el alumno debe tener y dominar. Hicieron bromas entre ellos, porque son temas que "aprendieron" en secundaria y bachillerato. Para reforzar la deficiencia detectada se realizaron ejercicios de repaso sobre áreas de diferentes polígonos. Para el cierre de esta clase, se hicieron preguntas referentes a lo visto durante la sesión, donde la gran mayoría de los alumnos participaron.

Como apoyo didáctico, se utilizó la aplicación interactiva para la aproximación de áreas de regiones planas del sitio de HELP MATH. Para lo cual se ocupó una laptop, un cañón y acceso a red inalámbrica. Los alumnos demostraron interés con la demostración visual. Algunos comentaron que desconocían que existiera "software" para cálculo de áreas planas con formas irregulares. Se resolvieron algunos de los ejercicios realizados la sesión anterior, se atendieron dudas. Esta actividad vino a complementar favorablemente la comprensión del tema.

Dentro de las evidencias de aprendizaje se les pidió resolver una serie de ejercicios donde se determinó el área en el plano de diferentes funciones algebraicas, solo 20 alumnos los entregaron.

Secuencia # 2	Volumen de un sólido en revolución
Fechas de aplicación:	30 de Septiembre, 1°, 2, 3 y 4 de Octubre de 2013

OBSERVACIONES:

Al inicio de esta secuencia, se aplicó la actividad motivacional "Encuentro con Napoleón", para ejercitar la agudeza de los sentidos, la comunicación y colaboración entre los estudiantes. Los alumnos mostraron principalmente extrañeza, se mantuvieron entretenidos y divertidos. Uno de ellos comentó que en todas las clases se les deberían de aplicar este tipo de ejercicios. Otros cuestionaron que si estaban siendo psicoanalizados.

Se les pidió a los estudiantes que imprimieran los apuntes de la unidad publicados en la plataforma de Blackboard. En esta ocasión fueron 12 estudiantes los que imprimieron los apuntes. Para introducirlos al tema de generación de sólidos en revolución se utilizó material manipulable (figuras geométricas en papel del triángulo y el rectángulo). Se continuó con el recordatorio de fórmulas para cálculo de volúmenes hasta llegar a la aplicación del Método de Discos para determinación de volúmenes de sólidos en revolución generados por funciones algebraicas y trigonométricas, principalmente. Los alumnos comentaron que con la ejemplificación física de los materiales manipulables les fue más fácil imaginarse los sólidos generados bajo las curvas de las funciones.

Los dos siguientes métodos de anillos y de capas, se abordaron de forma teórica y expositiva a través del planteamiento de preguntas tocantes a cada uno de los pasos en la solución de los ejercicios, al igual que el método anterior. Al finalizar cada sesión se procedió a la retroalimentación de los métodos con la propuesta de nuevos ejercicios donde el alumno pudiera aplicar lo aplicado y aprendido, dando la libertad de resolverlos de manera individual o en parejas e incentivando con puntos de participación a los estudiantes que los resolvieran frente a grupo.

Como actividad complementaria se les solicitó a los estudiantes que descargaran en sus computadoras el software de geometría Cabri 3D, se les compartió dos archivos donde se generaron un cilindro y un cono que pudieran ser manipulados en esta aplicación por los estudiantes. No todos los alumnos del grupo hicieron esta actividad, argumentaron diversas situaciones. Solo 12 de ellos lo hicieron, comentaron que les agradó y les resultó interesante.

También se retomaron algunos de los ejercicios resueltos anteriormente para comprobación de resultados y visualización exacta de los sólidos en revolución generados utilizando la aplicación de Wolfram en clases. Solo unos cuantos alumnos pudieron practicar en ella, por falta de tiempo. Pero para el resto, considero que fue muy ilustrativa.

Con la formación de los dos equipos de 14 y 15 miembros que se hizo en la secuencia #1, trabajaron en la resolución de nuevos ejercicios haciendo la siguiente dinámica. Un alumno de cada equipo resolvió uno de los ejercicios en el pizarrón, a la vez sus compañeros lo resolvieron en equipo y apoyaron desde sus lugares al compañero enfrente. El primero que lo terminó de forma correcta obtuvo un punto para su equipo. El equipo ganador será el que mayor puntaje obtenga.

Dentro de las evidencias de aprendizaje se les pidió entregar ejercicios donde se calcularon los volúmenes en revolución generados por algunas funciones algebraicas y trigonométricas. Solo 13 alumnos entregaron los ejercicios propuestos.

Secuencia # 3	**Integración por partes**
Fechas de aplicación:	**14, 15 y 16 de Octubre de 2013**

OBSERVACIONES:
Al inicio de esta secuencia, se aplicó la actividad motivacional "Los cuadrados", para estimular y fortalecer las habilidades de atención, concentración, sistematización, planificación y flexibilidad de pensamiento necesarias para el desarrollo de las actividades propuestas en esta secuencia didáctica. Después participaron con la técnica didáctica del "bum", en la que el primer estudiante inició con el número uno, después cada uno de los estudiantes tuvo que decir el siguiente número consecutivo, si el número a seguir era múltiplo de 7 tuvo que cambiarlo por la palabra "bum". El participante que se equivocó salió del juego hasta que fueron 14. De esta forma se integraron dos equipos que trabajarían en la actividad de cierre de la unidad. Esta técnica propició un poco de desorden entre risas y burlas, definitivamente se divirtieron y quedaron satisfechos con la forma en que se integró el equipo.

Se les pidió a los estudiantes que imprimieran los apuntes de la unidad publicados en la plataforma de Blackboard. En esta ocasión solo 8 estudiantes los imprimieron. Posteriormente se llevó a cabo una lluvia de ideas sobre nemotecnias investigadas para recordar la fórmula general de integración por partes. Los estudiantes se mostraron participativos y les causó gracia las palabras utilizadas para recordar cada una de las variables relacionadas de la fórmula. Algunos de los estudiantes tenían conocimiento de la aplicación de esta fórmula –por estar llevando la materia por segunda ocasión o porque la aprendieron en bachillerato. –

Se realizó un ejercicio introductorio donde se aplicó la fórmula de integración por partes, aplicando técnicas de integración aprendidas anteriormente en el curso. La resolución se llevó a cabo mediante preguntas que propiciaran el análisis y la reflexión. La mayoría de los alumnos expresaron haber entendido el método. Bajo la guía del docente, el alumno utilizó la calculadora Virtual HP Prime para comprobación de los resultados obtenidos en el desarrollo de cada uno de los ejercicios propuestos en las actividades de la secuencia. Esta calculadora digital solo estaba disponible en la computadora personal de la guía, por ser un software de demostración.

En la siguiente sesión los estudiantes resolvieron únicamente bajo la supervisión del profesor. Se pudo observar que la generalidad de los estudiantes entendió y aplicó el método de integración por partes porque se revisó las soluciones realizadas en sus cuadernos. Dentro de las evidencias de aprendizaje se les pidió la entrega de los ejercicios donde se aplica la integración por partes. Estos ejercicios solo lo entregaron 15 alumnos.

Secuencia # 4	**Integración de potencias de funciones trigonométrica**
Fechas de aplicación:	**17,18 y del 21 al 24 de Octubre de 2013**

OBSERVACIONES:

En el inicio se proporcionó el ejercicio "Las damas" para estimular y fortalecer las habilidades de comparación y análisis. El ejercicio lo llevaron a cabo en parejas (binas), con el compañero que ellos escogieron, con la intención de fortalecer el trabajo colaborativo. Estas habilidades permitieron que los alumnos reconocieran sus capacidades y las adaptaran a las actividades propuestas en la secuencia didáctica.

Mediante preguntas de indagación se recordaron cada una funciones trigonométricas involucradas en cada uno de los siete casos contemplados en la secuencia, lo que permitió a la vez, hacer la introducción del tema. Posteriormente se procedió a mostrar y explicar el proceso de resolución de integrales por la técnica de integración de potencias de algunos de los casos. Se les pidió a los estudiantes que tuvieran a la mano los apuntes de la unidad publicados en la plataforma de Blackboard. Solo 12 estudiantes imprimieron los apuntes. Previniendo esta situación, se les proporcionó una copia, donde se concentraron las fórmulas a utilizar en esta unidad.

Los estudiantes siempre se mostraron atentos a las instrucciones, respondieron a las preguntas involucradas en el desarrollo del ejercicio de los casos y se hizo la retroalimentación pertinente en cada una de las sesiones.
Solo algunos de ellos pudieron utilizar la calculadora HP Prime ya que solo se comprueban los vistos en clases por falta de tiempo de clase.

Dentro de las evidencias de aprendizaje se les pidió la entrega del problemario con los ejercicios donde se aplicaron los siete casos para la integración de funciones trigonométricas. Este problemario lo entregaron 13 alumnos.

Secuencia # 5	Integración por Sustitución Trigonométrica
Fechas de aplicación:	1° y del 4 al 8 de noviembre de 2013

OBSERVACIONES:

Para el inicio de esta secuencia se les proporcionó a los alumnos el ejercicio "Triángulos mágicos" con la intención de favorecer el desarrollo de las habilidades de análisis, crítica y/o deducción que puedan aplicar en diversas situaciones que se les presenten en su vida escolar y social. Se pudo apreciar que el desenvolvimiento de los alumnos –13, 15, 21, 30, 31, 32 y 33 es más abierto, participan verbalmente ante la deducción y reflexiones en la resolución de problemas de integración planteados.

Al abordar la integración por sustitución trigonométrica, los alumnos deben contar por lo menos con nociones de las razones trigonométricas ya que es un tema que debieron aprender en secundaria y/o bachillerato. Los alumnos recordaron las definiciones de funciones trigonométricas con respecto al ángulo Θ en un triángulo rectángulo mediante la técnica de lluvias de ideas. Se les pidió a los estudiantes que tuvieran a la mano los apuntes de la unidad publicados en la plataforma de Blackboard. Solo 7 estudiantes imprimieron los apuntes, cabe mencionar que algunos estudiantes optan por visualizarlos en su ipad, tabletas o laptop. Sin embargo, la intención es que con los apuntes impresos los estudiantes vayan generando un cuaderno de trabajo de cálculo integral.

Los alumnos se mostraron preocupados al ver que el tratamiento de las integrales por la técnica de sustitución trigonométrica involucra las técnicas anteriormente aprendidas y que el proceso de resolución de este tipo de integrales es mucho más largo. La recomendación puntual que se les hizo, fue repasar los ejercicios vistos en clases y resolver los propuestos en las actividades de taller y del problemario. En el transcurso de las siguientes sesiones, se pudo constatar que solo cuatro alumnos atendieron la sugerencia.

Para comprobación de las soluciones se utilizó nuevamente la calculadora Virtual HP Prime en clase. Considero que la comprobación con el uso de la tecnología les permite a los alumnos adquirir mayor seguridad en el proceso de resolución de este tipo de integrales, a la vez que refuerzan el método de integración por la repetición de pasos. La calculadora digital resuelve la integral en un número menor de pasos que los procedimientos de soluciones realizados en clases, esto les permitió hacer deducciones y reflexiones de lo que resultó de un paso a otro.

Dentro de las evidencias de aprendizaje se les pidió un problemario que contiene una serie de ejercicios donde se aplican los tres casos de la técnica por sustitución trigonométrica. Esta evidencia la entregaron solo 9 alumnos.

Secuencia # 6	**Integración de Funciones Racionales por Fracciones Parciales** **Subtemas:** Casos I y II. Fracciones Parciales con factores lineales distintos y repetidos
Fechas de aplicación:	**11 al 13 de noviembre de 2013**

OBSERVACIONES:

En el inicio se proporcionó el ejercicio “Los Jinetes”. Los alumnos fueron muy observadores con la actividad y pudieron hacer deducciones lógicas que estimularon y fortalecieron sus habilidades de comparación y análisis. Hubo casos en que los alumnos se sintieron frustrados al no poder encontrar la posición adecuada de las figuras y que los dos jinetes quedaran montados en sus respectivos caballos. Aunque expresaron que se divirtieron.

Previo a esta sesión de clases, se les solicitó a los estudiantes repasar el tema de fracciones parciales, para poder abordar la integración de funciones racionales −los alumnos deben contar con el conocimiento de fracciones parciales con factores lineales distintos y repetidos, factores cuadráticos distintos y factores cuadráticos repetidos vistos en la materia de Álgebra Lineal que cursaron en primer semestre−. Se les pidió a los estudiantes que tuvieran a la mano los apuntes de la unidad publicados en la plataforma de Blackboard. Solo 9 estudiantes imprimieron los apuntes, cabe mencionar que algunos estudiantes optan por visualizarlos en su ipad, tabletas o laptop. Sin embargo, la intención es que con los apuntes impresos los estudiantes vayan generando un cuaderno de trabajo de cálculo integral. Los estudiantes fueron atentos y participativos, respondieron y reflexionaron a las preguntas involucradas en el desarrollo de los ejercicios de resolución de integrales racionales con factores lineales distintos −Caso I− y factores lineales repetidos −Caso II−.

Para comprobación de las soluciones se utilizó nuevamente la aplicación de Wolfram en clase, prácticamente se montó un laboratorio de cómputo ya que varios alumnos tenían descargada la aplicación en sus laptop. Considero que la comprobación con el uso de la tecnología les permitió a los alumnos adquirir mayor seguridad en el proceso de resolución de este tipo de integrales, a la vez que refuerzan el método de integración por la repetición de pasos −retroalimentación−. La calculadora digital resuelve la integral en un número menor de pasos que los procedimientos de soluciones realizados en clases, lo que propició hacer deducciones y reflexiones de lo que resultó de un paso a otro.

Secuencia # 7	**Integración de Funciones Racionales por Fracciones Parciales** **Subtemas:** Casos III y IV. Fracciones Parciales con factores cuadráticos distintos y repetidos
Fechas de aplicación:	**14,15 y 19 de noviembre de 2013**

OBSERVACIONES:

Esta secuencia es continuación de la secuencia anterior, se analizaron los dos siguientes casos de funciones racionales para factores cuadráticos distintos y repetidos –este tipo de funciones también son parte del contenido temático de la materia de Álgebra Lineal que cursaron en primer semestre–. Debido a ello, se hicieron preguntas relacionadas al tema, los alumnos participaron con mayor seguridad porque los ejercicios resueltos en los casos anteriores "refrescó" sus conocimientos previos. De igual forma, respondieron y reflexionaron a las preguntas involucradas en el desarrollo de los ejercicios de resolución de integrales racionales con factores cuadráticos distintos –Caso III– y factores cuadráticos repetidos –Caso IV–.

La aplicación de Wolfram en clase se volvió a utilizar para comprobar tanto el proceso de resolución como el resultado final de los ejercicios. En esta ocasión más alumnos trajeron sus laptop consigo, otros comentaron que en sus casa habían revisado los ejercicios de la clase anterior.

Para la actividad de cierre, se llevó a cabo un juego de "futbol" con los equipos que se formaron en la secuencia 3. A cada equipo se le proporcionó un sobre con 15 de integrales a resolver con las diferentes técnicas y métodos vistos en las secuencias 3, 4, 5, 6 y 7. Cada integrante de cada equipo escogió un ejercicio de forma aleatoria y lo resolvió en el pizarrón a la vez, esto permitió que no estuvieran resolviendo el mismo ejercicio. Cuando el estudiante participante lo terminó de forma correcta (se le asignó su participación) pasó a tirar un penalti, si metía el gol se le anotaba a su equipo. Si el participante en turno fallaba el tiro, se le permitía al participante del otro equipo a tirar en su portería, siempre y cuando hubiera terminado el ejercicio en forma correcta. El máximo de oportunidades de tiros fue de 3 por participante. El equipo ganador fue el que más goles anotó.

Dentro de los incidentes que se presentaron fueron: no asistieron todos estudiantes del grupo, se tuvieron que reasignar algunos alumnos al equipo que tuvo menos integrantes y se presentaron otros que no participaron en el "bum" por qué no asistieron para equilibrar los equipos. El grupo estaba informado del valor que tenía esta actividad para la calificación de su tercer parcial. Se explicaron las reglas del juego. Tanto la reasignación de alumnos a los equipos como la explicación de las reglas retrasaron la actividad. Por lo que será conveniente, que cuando la aplique a nuevos grupos, les informe sobre las reglas del juego anticipadamente. La experiencia con esta actividad, fue muy similar a la obtenida con "la búsqueda del tesoro".

El tiempo simplemente no alcanza, todo se lleva de una forma muy apresurada. En general los estudiantes se divirtieron. A los estudiantes del equipo ganador les agradó esta forma de evaluación, ya que obtuvieron puntos adicionales que se sumarían a su calificación individual y comentaron que fue sencillo, estaban contentos. Sin embargo, los del equipo perdedor se sintieron que pesar del esfuerzo individual por estar en el equipo "perdedor" ellos no tuvieron esa puntuación por "culpa" de los que fallaron tanto académicamente como en el penalti. Los vi frustrados e inconformes. Otro aspecto relevante que surgió, fue que los estudiantes no se prepararon académicamente como si fuera un examen individual y por escrito.

También dentro de las evidencias de aprendizaje se les pidió un problemario, que incluyó una serie de ejercicios. Este concentrado lo entregaron 12 alumnos.

NOTA: La plataforma de Backboard permite hacer seguimiento de las consultas de los estudiantes, en estos momentos la consulta de los apuntes por parte de los alumnos cada vez es menor.

Secuencia # 8	**Coordenadas Polares y gráficas polares** Subtema: Relación entre coordenadas polares y coordenadas cartesianas
Fechas de aplicación:	**20 al 22 y 25 de noviembre de 2013**

Para iniciar esta nueva secuencia se realizó la actividad didáctica de reversibilidad del pensamiento "¿Qué desordenadas?". Esta actividad permitió a los estudiantes reestructurar o reintegrar esquemas.

Se recurrió nuevamente a la lluvia de ideas para recordar el procedimiento para construir gráficas en coordenadas cartesianas. Esta actividad permitió descubrir que en este nivel de educación varios alumnos tuvieron problemas para graficar funciones algebraicas. Además se hizo un recordatorio del triángulo y teorema de Pitágoras para el cálculo de la magnitud "r" (hipotenusa). Como siempre fueron participativos y atentos ante las preguntas planteadas y a las instrucciones.

Al abordar el procedimiento para graficar en coordenadas polares se hizo la comparación con las coordenadas cartesianas. Los estudiantes denotaron interés en la explicación y participaron graficando funciones polares en sus cuadernos y en el pizarrón. Comentaron que era sencillo.

Se recurrió a una aplicación de graficación de coordenadas polares disponible en Wolfram, primero de forma expositiva, después algunos estudiantes graficaron en ella. Se hizo evidente que a estas alturas del curso están completamente familiarizados con esta herramienta matemática digital.

Al igual que en las secuencias anteriores se solicitó la entrega del problemario. Este concentrado lo entregaron 9 alumnos.

Secuencia # 9	**Coordenadas Polares y gráficas polares** Subtema: Área de una región en coordenadas polares
Fechas de aplicación:	**26 al 29 de noviembre de 2013**

OBSERVACIONES:

Durante esta sesión se solicitó a los estudiantes integrar equipos de 5 y 6 alumnos, mediante la asignación de un número en el intervalo de 1 a 6 a cada uno de ellos. Después se les pidió la construcción de un cuadrado con las siete figuras del TANGRAM. Como siempre hubo participación, se divirtieron y pusieron en práctica los valores de la paciencia, la tolerancia y el trabajo en equipo, además de compartir otro tipo de experiencias personales con otros compañeros que normalmente no frecuentan.

Se procedió a explicar la determinación de áreas de funciones polares. Se identificaron algunos problemas al recordar las técnicas y métodos de resolución vistos en las secuencias anteriores de las integrales resultantes. Esto me preocupó y les recomendé volver a repasar los temas relacionados con ello.

También se utilizó una aplicación de Wolfram para comprobación y retroalimentar el proceso de solución y de graficación de las integrales resultantes en coordenadas polares.

La actividad de cierre de las secuencias 8 y 9 se llevó a cabo con los equipos integrados, mediante la técnica didáctica "el tesoro escondido". Esta actividad tuvo que adaptarse al espacio y tiempo disponible. Fue muy apresurada ya que las sesiones son de 50 minutos y el proceso de desarrollo de cada ejercicio es extenso. Sin embargo, los alumnos siempre fueron flexibles y colaboraron con los compañeros de sus respectivos equipos e hicieron porras emotivas.

Dentro de las evidencias de aprendizaje se les pidió el problemario con los ejercicios correspondientes a este tema. Este concentrado lo entregaron únicamente 5 alumnos.

Nota: En este último tema la mayoría de los alumnos no se preocuparon por entregar el problemario, porque días antes presentaron el examen colegiado y les fue mal en la evaluación , ni tampoco se presentaron el cuarto parcial.

Anexo 2

UNIVERSIDAD AUTONOMA DE BAJA CALIFORNIA
FACULTAD DE INGENIERIA
TRONCO COMUN

EXAMEN DIAGNOSTICO

Nombre: ______________________ Matrícula. __________

1. Factorizar las siguientes funciones:
   a) $9x^2 + 6x + 10$
   b) $4x^2 + 12x - 8$
   c) $X^2 + 2x - 8$

2. Realiza las operaciones de suma, resta, producto, división según sea el caso.
   a) $(2x^3 + 5x - 1) + (4x - 3x^2 + 2x^3)$
   b) $5x^2(2x^3 - 3x^2 + 4x - 1)$
   c) $(x^3 + 2x^2 - x - 8)/(x^2 - 2x + 1)$

3. Menciona cuales son las funciones trascendentes que conoces______________________
____
____

4. Calcula las derivadas de las siguientes funciones:
   a) $f(x) = 5$
   b) $f(x) = -2x + 2$
   d) $f(x) = -\frac{7}{2}x - 3$

5. Calcula mediante la fórmula de la derivada de potencias:
   a) $f(x) = \frac{5}{x^5}$ b) $f(x) = \frac{5}{x^5} + \frac{3}{x^2}$ c) $f(x) = \sqrt{x}$

6. Calcula la derivada de la siguiente función logarítmica:
   $f(x) = \ln(2x^4 - x^3 + 3x^2 - 3x)$

ANEXO 3

CUADRO DE DOBLE ENTRADA

	1	2	3	4	5	6	7	8	9	10	11	12	13	14	15	16	17	18	19	20	21	22	23	24	25	26	27	28	29	30	31	32	33	34	35
1. REMIGIO																														1					
2. JORGE																																			
3. ALBERTO C.																																			
4. FRANCISCO																																			
5. ALEJANDRO						1																													
6. JONATHAN A.	1																																		
7. MANUEL C.																																			
8. ABDIEL																																			
9. JORGE										1,2																1,2									
10. ABIGAIL									1,2																										
11. GUADALUPE A.																															1				
12. JESUS S.																																			
13. RAMON O.										1,2																									
14. JUAN C.																																			
15. ANDRES																			2								1								
16. ANGEL E.																																			
17. MAGDALY A.																				1,2															
18. EDGAR																																			
19. HILDA M.																						1,2													
20. ALEXIA A.																	1,2																		
21. MARIO A.																	2																		
22. BRANDON															1																				
23. MARCELO																																			
24. DIEGO													1																						
25. ELIZABETH H.																1																			
26. VICTOR H.								1,2																											
27. JESUS I.																																	1		
28. MAX A.																																			
29. BRENDA J.																															1				
30. ARTURO																	1,2																		
31. DENISSE																													1,2						
32. JOSE A.									1																		2								
33. ANAHI																																		1,2	
34. JOSE C.																																			1,2
35. MANUEL																																1			

1RA.	1	0	0	0	0	1	0	1	2	2	0	0	1	0	1	1	2	0	0	1	0	1	0	0	0	1	1	0	1	1	2	2	0	1	1
2DA.	0	0	0	0	0	0	0	1	1	2	0	0	0	0	0	0	3	0	1	1	0	1	0	0	0	2	1	0	1	0	0	0	0	1	1
3RA.	0	0	0	0	0	0	0	0	0	0	0	0	0	0	0	0	0	0	0	0	0	0	0	0	0	0	0	0	0	0	0	0	0	0	0
SUMA	1	0	0	0	0	1	0	2	3	4	0	0	1	0	1	1	5	0	1	2	0	2	0	0	0	3	2	0	2	1	2	2	0	2	2

Anexo 4

UNIVERSIDAD AUTÓNOMA DE BAJA CALIFORNIA
COORDINACIÓN DE FORMACIÓN BÁSICA
COORDINACIÓN DE FORMACIÓN PROFESIONAL Y VINCULACIÓN UNIVERSITARIA
PROGRAMA DE UNIDAD DE APRENDIZAJE HOMOLOGADO
COORDINACIÓN DE FORMACIÓN PROFESIONAL Y VINCULACIÓN UNIVERSITARIA
PROGRAMA DE UNIDAD DE APRENDIZAJE HOMOLOGADA

I. DATOS DE IDENTIFICACIÓN

1. Unidad académica (s): Facultad de Ingeniería -Mexicali
Facultad de Ingeniería, Arquitectura y Diseño Ensenada
Facultad de Ingeniería y Negocios Tecate
Facultad de Ingeniería y Negocios –San Quintín
Escuela de Ingeniería y Negocios –Guadalupe Victoria
Facultad de Ciencia Químicas e Ingeniería -Tijuana
Centro de Ingeniería y Tecnología –Valle de las Palmas

2. Programa (s) de estudio: (Técnico, Licenciatura (s) TRONCO COMÚN CIENCIAS DE INGENIERÍA

3. Vigencia del plan: 2009-2

4. Nombre de la unidad de aprendizaje CÁLCULO INTEGRAL

5. Clave 11216

6. **HC:** 2 **HL:** ____ **HT:** 3 **HPC:** ____ **HCL:** ____ **HE** 2 **CR** 7

7. Ciclo escolar: 2013-2

8. Etapa de formación a la que pertenece: BÁSICA

9. Carácter de la unidad de aprendizaje: Obligatoria X Optativa ____

10. Requisitos para cursar la unidad de aprendizaje CÁLCULO DIFERENCIAL

Fuente: http://ingenieria.mxl.uabc.mx/index.php/calculo-integral/finish/80-materias/135-calculo-integral

Anexo 5

Anexo 6

UNIVERSIDAD AUTÓNOMA DE BAJA CALIFORNIA
FACULTAD DE INGENIERÍA
TRONCO COMÚN

Asignatura: Cálculo Integral **Grupo: 111**
Ejercicio: Sustitución Trigonométrica **Semestre 2013-2**

Nombre: ___________________________________ Matrícula: _______

Resuelve la siguiente integral definida por Sustitución Trigonométrica:

$$\int_2^3 \frac{2}{t\sqrt{t^4+25}}\,dt$$

	ETAPAS/MOMENTOS DE LA ACTIVIDAD					
ESTADO EMOCIONAL	**Inicial**	**Entender el Problema**	**Configurar un plan**	**Ejecutar el Plan**	**Mirar hacia atrás**	**Final**
Me gusta	3	0	1	0	1	1
Seguridad	1	1	2	0	0	0
Trabajando	2	7	7	3	2	1
Curiosidad	7	6	2	0	4	3
Estresado	3	4	6	6	5	6
Indiferencia	4	0	1	1	5	1
Aburrido	0	0	1	1	0	0
Bloqueado	3	[illegible]	1	[illegible]	[illegible]	[illegible]
	--------	--------	--------	--------	--------	--------
Totales	23	23	21	20	20	20

UNIVERSIDAD AUTÓNOMA DE BAJA CALIFORNIA
FACULTAD DE INGENIERÍA
TRONCO COMÚN

Nombre: ___________________________________ Matrícula: _______

1. **¿Cómo te sientes después de acabar el problema?**

Muy satisfecho Satisfecho Insatisfecho Muy insatisfecho

2. **¿Por qué te sientes así?**

3. **Lo que has aprendido de este problema, ¿te sirve para tu vida diaria?**

4. **¿Puedes aportar sugerencias para completar esta actividad?**

Anexo 7

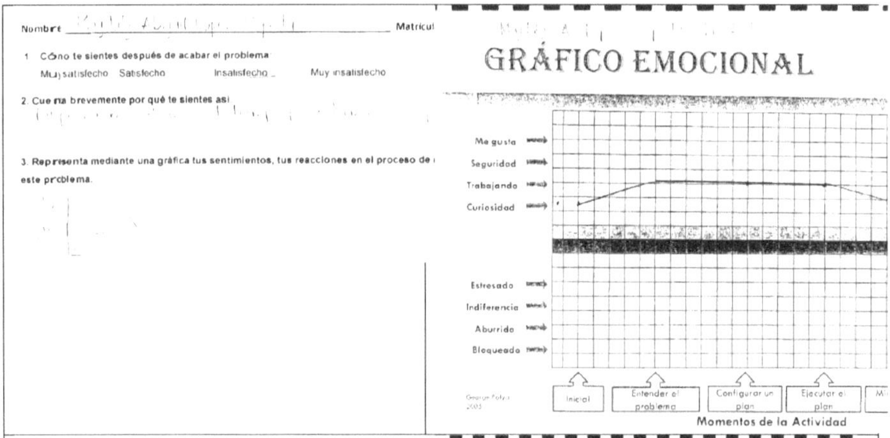
Nombre
Matrícul
1. Cómo te sientes después de acabar el problema
Muy satisfecho Satisfecho Insatisfecho Muy insatisfecho
2. Cuenta brevemente por qué te sientes así
3. Representa mediante una gráfica tus sentimientos, tus reacciones en el proceso de
este problema.
GRÁFICO EMOCIONAL
Me gusta
Seguridad
Trabajando
Curiosidad
Estresado
Indiferencia
Aburrido
Bloqueado
Inicial
Entender el problema
Configurar un plan
Ejecutar el plan
Momentos de la Actividad

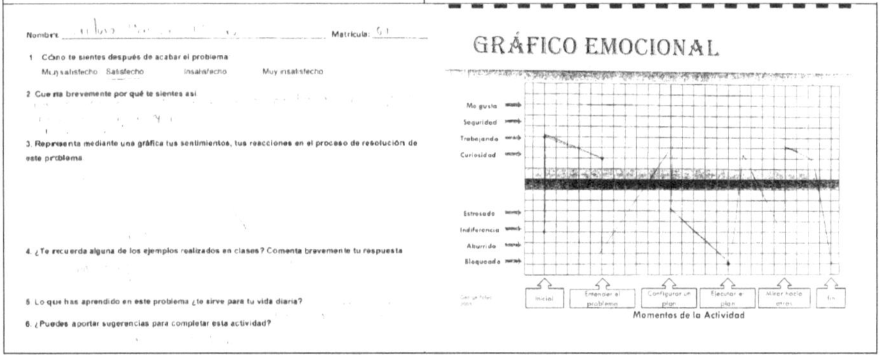
Nombre
Matrícula:
1. Cómo te sientes después de acabar el problema
Muy satisfecho Satisfecho Insatisfecho Muy insatisfecho
2. Cuenta brevemente por qué te sientes así
3. Representa mediante una gráfica tus sentimientos, tus reacciones en el proceso de resolución de este problema
4. ¿Te recuerda alguna de los ejemplos realizados en clases? Comenta brevemente tu respuesta
5. Lo que has aprendido en este problema ¿te sirve para tu vida diaria?
6. ¿Puedes aportar sugerencias para completar esta actividad?
GRÁFICO EMOCIONAL
Me gusta
Seguridad
Trabajando
Curiosidad
Estresado
Indiferencia
Aburrido
Bloqueado
Inicial
Entender el problema
Configurar un plan
Ejecutar el plan
Mirar hacia atrás
Fin
Momentos de la Actividad

Kolibri 360 GmbH
Ferdinand-Jühlke-Straße 7
99095 Erfurt, Deutschland
produktsicherheit@kolibri360.de

Druck:
CPI Druckdienstleistungen GmbH
im Auftrag der
Kolibri 360 GmbH
Ferdinand-Jühlke-Str. 7
99095 Erfurt